U0175524

数据

领导干部公开课

要素

杨涛◎主编

人民日报出版社

北　京

图书在版编目（CIP）数据

数据要素：领导干部公开课 / 杨涛主编 . -- 北京：人民日报出版社，2020.9
ISBN 978-7-5115-6479-5

Ⅰ.①数… Ⅱ.①杨… Ⅲ.①数据处理－干部教育－学习参考资料
Ⅳ.① TP274

中国版本图书馆 CIP 数据核字（2020）第 137011 号

书　　　名：**数据要素：领导干部公开课**
　　　　　　SHUJU YAOSU：LINGDAO GANBU GONGKAIKE
主　　　编：杨　涛

出　版　人：刘华新
责任编辑：蒋菊平　李　安
封面设计：主语设计

出版发行：**人民日报** 出版社
社　　　址：北京金台西路 2 号
邮政编码：100733
发行热线：（010）65369527　65369509　65369512　65369846
邮购热线：（010）65369530　65363527
编辑热线：（010）65369528
网　　　址：www.peopledailypress.com
经　　　销：新华书店
印　　　刷：大厂回族自治县彩虹印刷有限公司
法律顾问：北京科宇律师事务所　010-83622312

开　　　本：710mm×1000mm　1/16
字　　　数：134 千字
印　　　张：13.75
版次印次：2020 年 9 月第 1 版　　2021 年 1 月第 2 次印刷

书　　　号：ISBN 978-7-5115-6479-5
定　　　价：39.00 元

序言
Preface

　　2020年4月9日，《中共中央国务院关于构建更加完善的要素市场化配置体制机制的意见》正式对外发布，这是中央关于要素市场化配置的第一份文件。《意见》首次将数据与土地、劳动力、资本、技术等传统要素并列为生产要素，并提出"健全生产要素由市场评价贡献，按贡献决定报酬的机制"。这正是对近年来数据在推动经济发展、提升政务效率、加强社会治理等方面发挥的重要作用的充分肯定，也是引领数字经济时代发展的开创之举。

　　从宏观角度看，党的十九大报告提出要提高全要素生产率（TFP）。近些年来，经济下行往往归因于TFP下行，这也源于人口红利的弱化、技术贡献度乏力，以及经济结构调整带来的影响。

　　进一步看，全要素生产率通常指资源（包括人力、物力、财力）开发利用的效率。从经济增长的角度来说，生产率与资本、劳动等要素投入都贡献于经济的增长。从效率角度考察，生产率等同于一定时间内国民经济中产出与各种资源要素总投入的比值。实际上，伴随着数据要素价值的逐渐体现，不仅对不同生产要素都带来深刻影响和广泛冲击，自身的要素贡献也不容忽视，而且更是改变着要素综合利用的生态环境与有机模式。对此，充分发挥数据要素的作用，提升新技术贡献度，正是解决矛盾的重要着力点。

众所周知，数据是近年来最时髦的话题之一。对于"大数据"（Big data），研究机构 Gartner 的定义为："大数据"是需要新处理模式才能具有更强的决策力、洞察发现力和流程优化能力来适应海量、高增长率和多样化的信息资产。麦肯锡全球研究所的定义是：一种规模大到在获取、存储、管理、分析方面大大超出了传统数据库软件工具能力范围的数据集合，具有海量的数据规模、快速的数据流转、多样的数据类型和价值密度低四大特征。

可以看到，除了对社会组织、公共服务、人们生活等产生的影响之外，这一数据热潮背后的关注焦点其实还是商业模式，即相关数据仓库、数据安全、数据分析、数据挖掘等围绕大数据的商业利用价值。

在中国市场化改革过程中，数据要素之所以引发如此令人瞩目的关注，也是传统文化理念的巨大差异使然，"大概齐、差不多"的习惯深入人心，公共决策、商业选择、个人行为中充斥着"拍脑袋"现象。当然，这种模糊管理下的信息不对称，亦可能成为另外一种既定利益格局的存在基础。正因为此，当信息爆炸时代快速来临之际，对于打破数据垄断、提高信息透明度、发掘数据财富价值的强烈意愿，迅速在社会不同层面呈现。

大数据的历史，可追溯到19世纪末。美国统计学家赫尔曼·霍尔瑞斯为统计1890年的人口普查数据发明了一台电动器来读取卡片上的洞数，该设备用一年时间就完成了原本需耗时8年的人口普查工作，数据处理由此进入新纪元。跨入21世纪，随着云计算等信息技术高速发展，以及社交网络的普及化，大数据被进一步赋予了全新的含义。应该说，在数据化发展严重不足的背景下，我国经济社会发展中强调数据要素的作用，其积极意义非常深远。相较而言，当前世界各国都把推进经济数字化作为实现创新发展的重要动能，在前沿技术研发、数据开放共享、隐私安全保护、人才培养等方面做出了前瞻性布局。

从微观具体问题看，大数据与互联网、人工智能等技术的飞速发展分不开。金融信息的高速集聚和流动，催生了一批大型金融信息提供商，如成立于1981年的美国彭博资讯。大数据、金融信息与信用管理之间具有天生的内在联系，尤其随着各国小微企业融资和消费金融的迅速发展，金融信息管理日益与信用管理结合起来，多层次的信用信息供给体系更加完善，这对于推动金融交易效率、降低成本和风险起到了重要作用。

需要看到的是，互联网环境下的电子商务、社交网络等，能够发掘和集聚全新的信息资讯，而在搜索引擎和云计算的保障下，又可以低成本建设金融交易信息基础设施，如金融资讯服务、信息中介平台等。实际上，基于大数据挖掘而产生的征信手段创新，能够培育新的金融信贷服务客户。例如，金融科技类企业之所以能够助力小微企业贷款，是因为对小企业来说，缺乏信用评估和抵押物，往往难以从传统金融机构获得融资支持，而通过新型数据发掘，可以充分展现小企业的"虚拟"行为轨迹，从中找出评估其信用的基础数据及模式，由此给小微企业信用融资创造条件。当然与国外相比，国内的社会信用管理、金融信息管理都还处于起步阶段。

与此同时，也要避免走向另外的极端，这就需要相应的冷思考。在大数据的推动者之中，一方面各类新兴互联网企业成为主力，另一方面传统企业也在着力跟随，其根本动力都是发掘新的商业利润来源，以弥补中国经济转型期的投资迷茫。在此过程中，对于个人的利益和诉求还缺乏合理的认识和定位。虽然大数据对进一步理解和服务消费者起到重要作用，但与此同时，一是无序的、低效的、无用的信息轰炸，往往给个人带来"信息过度"的不佳体验。二是在数据成为财富的狂热驱动下，对于个人信息权利的侵犯几乎无处不在。尤其在我国缺乏对个人信息保护的规则，数据过度采集有可能带来更多的争议，反而影响到数据的合理利用进程。

另外，值得我们思考的是，如果原始数据的产生机制，或者保障信息传播准确的外部环境存在问题，那么大数据的技术是否会随之产生更大的信息扭曲？从金融市场的角度来看，大数据在深刻改变高频交易方式、信贷风险判断等环节的同时，也带来了其他潜在风险的积累。如信息误读造成的市场波动突然被放大，以及难以监管的金融产品创新。可以说，在诸多领域都缺乏法律游戏规则约束，更缺乏职业道德约束的情况下，如果初始数据存在问题，那么在此基础上进行的大数据分析，只能起到"南辕北辙"的效果。一旦数据本身的问题太多，则只会带来大数据的灾难。

我们知道，信息不对称的后果是扭曲市场机制，误导市场信息，造成市场失灵。如果处在普遍的信息数据缺乏状态下，经济行为的不确定性也会增加，往往会降低市场效率。反之，如果是海量"冗余信息"也会带来过犹不及，因为即便是20世纪末所谓"信息爆炸"年代，也没有当前阶段如此快速的信息积累。据统计，互联网上的数据每两年翻一番，而全球绝大多数数据都是最近几年才产生的。面对似乎逐渐"供大于求"的数据，如何找到有用的信息成为利用大数据的关键问题。正如美国颇有影响力的预测专家纳特·西尔弗在《信号与噪声》一书中指出的，"如果信息的数量以每天250兆亿字节的速度增长，其中有用的信息肯定接近于零。大部分信息都只是噪声而已，而且噪声的增长速度要比信号快得多。"由此看来，当数据信息铺天盖地而来之时，也可能距离真相与知识越来越远。在现实中，对于一哄而上追求大数据的企业来说，也需要冷静思考下，在信息过度充分的年代，如何真正提取和利用有价值的数据。

大数据如同一把双刃剑，正如许多好莱坞电影中政府对公众无所不在的监控，也表达了现代人对个人信息安全失控的担忧。斯诺登和棱镜事件，则进一步在全球范围的国家之间提出这一疑问。一方面，在不可避免地拥抱大数据时代之前，可能更需要加强对其潜在风险的认识，做好基础性建设工作，如基础数据净化、个人信息保护、国家信息安全等。另一方面，大数据既可用来推动新商业模式的演进，也需要用来通过"抓坏蛋"，间接促进社会信息环境的完善，从而夯实大数据的根基。

总之，新形势下需要充分发挥数据这一新型要素对其他要素效率的倍增作用，培育发展数据要素市场，使大数据成为推动经济高质量发展的新动能。而对于数据基本内涵与质量、市场交易与定价、宏观意义与微观价值、制度保障与支持等，也都是亟待研究的重要命题。

在上述背景下，近年来，国家金融与发展实验室金融科技研究中心、金融科技50人论坛、腾讯金融研究院、北京立言金融与发展研究院共同推动了一系列与数据要素相关的学术研讨，产生了较好的影响。为了面向各界读者进一步通俗易懂地阐述相关知识，我们邀请权威专家学者围绕数据要素的概念范畴、发展状况与价值、面临的挑战、未来展望等，从不同角度进行深入探讨和剖析，希望能够帮助广大党员、干部、群众对这一重大现实问题有更全面的理解。

本书编写时间紧、任务重，各位专家学者给予大力支持，在此谨表诚挚谢意。同时，数据要素领域的研究比较前沿，遇到的问题、研究的层次也各不相同。参与本书编写的各位专家从各自的逻辑视角出发，进行了丰富的论证和研讨。虽然有些观点和看法存在较大差异，但也表明了数据要素领域的研究正呈现百花齐放、百家争鸣的特征。敬请各位读者批评、指正。

杨　涛

2020 年 7 月于中国社会科学院

目录
Contents

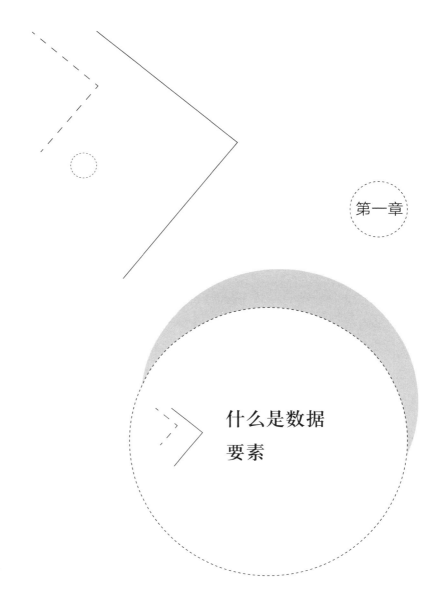

第一章

什么是数据
要素

从数据要素到数据资源 / 陈道富

数据要素特点、应用、现状及发展 / 王强　陈其云

从数据要素到数据资源

陈道富

人类将物质、能量和信息作为三大资源。其中物质和能量两类资源，经过一轮又一轮的工业革命和各方努力，已得到较充分开发。当前正处于信息时代，不论是通过模型直接掌握世界运行规律，还是通过算法模拟世界运行，抑或是直接从数据"演进"出人类可以理解的逻辑，都表明人类开始注重开发信息资源。数据作为信息的载体，自然成为人类活动中最重要的投入要素。通过借助人类社会积累的各种制度和技术，我们可将数据要素转换为权利明确、可定价、可交易流通的数据资源和数据资产，使数据信息在人类社会演进中发挥更大作用。

作者系国务院发展研究中心金融研究所副所长。

一、数据及其价值来源

数据[①]在文字出现以前就已存在，如结绳记事。人类创造文字和数字[②]之后，便通过文字和数字进行思考和交流。计算机普及后，现实世界的各种呈现，都可以用"0""1"数字代码记录。尤其是进入数字时代后，我们通过物联网等方式自发采集数据，并运用互联网、区块链等技术连接数据，再通过人工智能等方式自动分析和使用数据，数据在社会中更顺畅地流动，其价值被更充分地挖掘。如果将概念、图像、声音等当成广义的数字空间[③]，正如佛教中谈到的"婆娑世界"，我们其实一直生活在类似数字描述的非真实空间里。

1.数据是认知世界的一种视角

从数据视角观察，"世界即数据"。人类世界包括物理世界和人类社会，既是数据所反映的世界（以某种映射标准，转化为概念文字、图像、声音等数据，并用数字化的方式记录），也是人类借助数据，描述、认识、研究并希望改造的对象。在这个意义上，可以说

---

① 数据，是对物理世界和人类社会的性质、状态以及相互关系等进行记载的物理符号或是这些物理符号的组合，包含数值数据和非数值数据。

② 数字，以数值符号表达的数据。理论上，所有的数据均可以最终转化为数字，以数值符号加以描述和记录。

③ 数字空间，0是以一定结构呈现的数据，底层可以是数字记录，也可以是其他形式，它们属于虚拟空间。

数据只是"媒介",最终是为了人类可以更好认识、改造并利用现实世界。从人类的角度来看,现实世界是数据的最初来源和最终归宿。

具体而言,数据是人类生活的现实世界(物理世界和人类社会)的一种映射,是用"数字"方式[①]描述现实世界的状态、变换和关系等。这样,世界就分离为现实和数字两个平行世界。将现实世界通过一定方式映射到数字世界,可以较为精准地描述现实世界,并按照人类熟悉的认知方式模拟现实世界运行。此外,还可寻找其中存在的规律,并低成本模拟出可以实现人类意图的最佳方式,将最终结果以现实世界可行、也最有效率的方式实现达到更好服务人类的目的。

事实上,实体经济处于"投资、生产、分配、消费、储蓄"循环之中。物物交换、储蓄和投资的交换,通过货币化和金融化映射到货币金融体系(数字空间的一种),实现合理配对并反作用于实体经济。引入数字世界后,更多的实体经济活动,如消费、生产,而不仅仅是投资和储蓄行为,被实时地映射到数字空间,进行更可靠地记录、连接和分析处理,拓宽原货币金融体系可处理的空间,提高连接和处理效率。因此,可认为原有的货币金融体系是一种原始的数字经济。当前,数字经济的发展只是改变了连接、记录、存储和处理手段,并没有改变数据背后所反映的行为逻辑和权利义务

---

① 数据的描述方式,既包括数值方式(数字),也包括非数值方式,但非数值方式最终都可以转化为数值方式。因此,可认为最终都可用数字方式描述世界。

关系。

我们可以用下图来粗略表达实体经济、金融和数字技术间的关系。

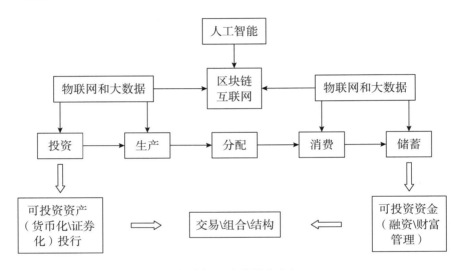

▶经济循环中的数字空间

从数据的收集、汇总和分析运用角度看，数据总是基于人们的某种认知，在特定技术背景下，对所描述"对象"进行抽象而成。可以认为现实世界是全息世界，数据展现的世界是通过一定视角观察而提取的世界。数据化的过程，就是选择的过程。选择天然隐含某种标准，并反映一定的价值倾向。做过数据清洗和汇总的，都能深刻体会不同机构、不同渠道、不同方式收集到的不同层次的数据，在汇总过程中平衡和统一不同标准、视角、层次的艰辛和困惑。

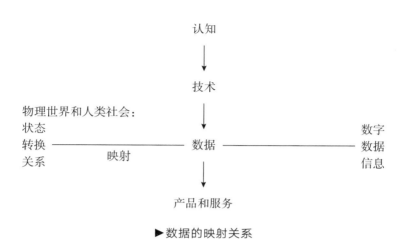

▶数据的映射关系

2.数据的权利和价值来源

数据空间的权利、价值来源于现实世界，是第二性的。即不宜就数据谈数据权益，或者仅在数字空间谈数据运用，需与数据所映射的对象相联系，与数据再加工过程中人的劳动相联系。

数据的价值，主要是借助特定算法和模型使用体现，最终通过出售内嵌数据的产品和服务实现。即数据最终的价值取决于对人类的有用性。

数据在最终价值的实现中，发挥以下三种功能。

一是提供新认知的可能性。通过更广泛、更细致、具有实时反馈的动态数据，可以更好地了解和感知研究对象，提供探索新规律、新特征科学研究和技术开发的条件，也为人类认知新事物提供更可接受的方式，甚至可以通过了解、培育人类新的欲望，生成新的需

求，从而开发出新的价值点。

二是降低现实世界中的试错、配对等交易成本。现实世界是物质、能量和信息的流动，也是结构匹配的过程。现实世界的探索和配对，需要耗费现实世界的真实资源，但在数字空间的模拟世界中，可以几乎不耗费真实资源，达到资源优化配置的效果。

三是减少人类行为的主观不确定性，提升处理效率。人类在决策和行为的过程中，不仅要面对现实世界的不确定性（未知），也要面临由于数据收集的成本、时间和难度等认知不全面引发的主观不确定性。数字空间通过数据的集中、汇总，大大降低了主观不确定性，从而提高决策和行为的确定性和效率。

数据的产生过程，涉及数据所反映的对象，数据的收集、清洗、汇总、分析和最后的运用等不同环节。每个环节都对创造数据最终价值有所贡献。用什么方式分离、评判并实现每个环节的价值，很大程度上取决于数据特点、数据产业的市场结构及其运行和分配机制。

考虑到社会和技术发展具有"反身性"特征，即对自身的认知最终会改造自身，数据的生产、改造和使用与数据所反映对象并不独立。因此，当数据所反映对象为人或机构时，我们需要高度关注两点。

一是数据所反映的对象是否应对所收集数据有一定的权利，如人对自己的生物特征、地理位置、消费和信用等行为特征，是否拥有保密（不被收集，或部分特征不被收集）、处置和"遗忘"等权限。同时，企业法人是否也具有相应权限？

二是数据所反映对象应如何介入数据产业链。利用数据所创造的价值，是否应该以及以多大比例、什么方式分配给反映对象？如企业集团的账户信息，银行和第三方开发利用后，是否需要与企业集团进行一定的利益共享，采取什么方式，通过股权合作还是战略协议等其他方式？

随着数字空间的拓展，还会发展出来完全虚拟的数据活动，如游戏，以及在游戏中的权益（如游戏币等数据）。当然，即使是游戏，也涉及真实的人，只是游戏本身目前还缺乏与现实的直接联系。在现有的认知中，似乎还不是很急迫需要界定游戏中的权利义务与现实世界的权利义务如何对应的问题。这种数据虽然也是一种"数字"，但与要素市场化配置机制文件中"数据要素"谈论的"数据"，并不完全是同一个概念。

3. 带上人类普遍"信任"的数据

一般情况下，数据只有在特定算法下才有价值。算法挖掘的是数据隐含的信息，从而体现数据价值。但有一类数据极其特殊，其价值直接源于人类社会或算法赋予的"信任"。

观察金融构建的虚拟空间，广义上金融资产也属于数字空间中的数据，其运作可近似为一种政府背书的、严肃的数字游戏。货币最初以实物形态存在，如贝壳、黄金、银圆等，之后主权国家发行纸钞，以主权背书纸钞的发行和流通。当越来越多经济行为在网络空间发生时，纸钞逐步被银行存款等电子货币取代。电子货币时代，货币通过银行的账户系统，以电子数据形式存在。电子货币的价值，来源于国家法律以及央行、商业银行等金融设施的运作带来的人类普遍信任。

近些年出现的很多数字货币（如比特币、Libra 等），是通过区块链技术凝聚并传递数字货币圈内的普遍信任。区块链是借助分布式存储／计算、点对点传输、共识机制和密码学等计算机技术，仅依靠技术就实现了信任在线上的快速转移。区块链技术还在不断演化，但其基本思想至少包括以下三方面：一是非人格化的信任机制，以不可篡改和算法规则补充物、人（机构）和主权信任；二是共同账本（全部参与主体、相关参与主体）代替个别账本，克服了信息的不充分和不对称性；三是具备平台特征，可以兼顾分布式共享和可拓展性需求。

在电子货币、数据货币和金融资产、数字资产等场景中，以特定方式产生的数据，特别是当这种数据被赋予某种权利义务后，将产生巨大的社会价值。价值主要来源于算法（基于区块链的数字货币，如比特币、Libra 以及我国央行拟推出的央行数字货币，具有算法赋予的信任基础，但仍链接了人类制度创造出来的信任，属于过渡性货币形态）或者人类制度（如各国的法币体系），数据只是一种

"代表"，仿佛数据就是价值。这已不是如何管理数据资源或数据资产的问题，而是如何更有效地利用数据，管理数据背后凝聚的人类普遍信任，进而提高人类合作的效率。

二、实现数据从要素到资源的转换

2019年，在党的十九届四中全会上，我国第一次在党的文件中将数据作为与土地、资本、劳动力、技术相并列的第五大要素。2020年，《中共中央国务院关于构建更加完善的要素市场化配置体制机制的意见》（以下简称《意见》）更是列出单节，针对数据市场存在的体制机制问题，提出政府数据共享、社会数据价值提升、数据的资源整合和安全保护等方面的改进建议，并从数据市场、交易、自律机制和场景运用等方面，健全数据要素市场的运行机制。这意味着数据将从"要素"转向"资源"，使得数据可进行商业交易和流通使用，但要提高交易流通效率，还需开展大量基础设施建设工作。

1.如何使数据成为可交易的对象

数据要素交易，不是成立一个数据交易所就可以实现的，需要大量的基础设施支撑。贵阳的数据交易所成立后，交投并不活跃，某种程度上反映了我国还缺乏成熟的数据交易基础设施。

数据从要素转化为资产和资源的关键，是找到可作为交易对象的数据形式，明确数据边界和权利边界并以法律方式显性确定（确权），规范数据资产的定价等。

数据作为信息的载体，具有"服务业"的特点，大部分甚至存在"查看"就是消费的特征。直接将原始的"源"数据作为交易对象，价值较低，如同工业时代的原材料。现实世界有无数提取数据的视角和方法，如我们现在不同学科就是对同一个现实世界透过不同视角的观察。在动态演进的世界，不同层次、不同视角和不同使用目的，将导致数据之间存在巨大差异，尤其是汇总之后的数据。如对中小微企业的定义，国家发改委、工信部、人行和银保监会有不同的认定方法，很难不经过处理而直接比较。由于没有预先确定看世界的层次、视野和视角，没有统一概念的内涵与外延，可能产生口径标准的"不一致"和数据缺乏、重复共存的"不连续"，不仅提高使用成本，还缩小了价值提升的空间。数据的使用需要提前介入数据收集、清洗和汇总等环节，但又不能过度专业化，影响数据的使用范围。更重要的是，"源"数据往往还涉及数据获取主体的商业秘密，有时甚至是核心价值。同时，这些"源"数据又具有广泛的再开发价值，"敝帚自珍"会严重制约数据价值的充分开发和深入挖掘。

因而，数据交易对象的选择需平衡数据的有用性和隐秘性，根据数据和应用特性采取不同的方式。典型的如纯粹的数据公司，初期出现过出售原始数据的行为，但近些年逐渐演化为对数据及时更新、清洗、汇总，并提供丰富的数据开发软件，将数据固化于软件之中，从卖数据转化为卖"端口"、卖服务。又如近些年国际上较为流行的"开放银行"，为保证银行底层数据安全，包括保护个人隐私和商业机密，以及确保数据不被污染，即修改、增加无效数据等，采取了搭建允许半标准化程序的再开发平台。第三方机构可以在这个平台上，利用平台提供的标准化模板，实现对数据和程序的再开发，满足多样化的现实需求。当然，为了保证数据开发和使用过程价值的内部化，也可以通过合作开发、股权合作等方式实现数据的交易。

实现数据要素的可交易，还需要从法律上清晰界定数据处理各个环节的权利边界，即确权。数据的采集、清洗整理、汇总和使用等环节，包括数据的使用、变更、处置等权利，都需要清晰的法律界定。例如，我国对统计数据有严格的法律规定，但对行业、局部的数据收集、整理（如指数化）是否可以，或者可以收集、整理到什么程度，是否能对外发布，均无相关规定。随着我国金融交易越来越多使用各类指数，可以预见，指数的编制会越来越普遍。与此相悖，目前几乎全部指数的所有权都归属于指数发布机构，这是否有利于指数的多样化？诸如此类，等等。

数据资源的适当标准化和合理定价方法也是需要解决的基础性技术。资产只有合理定价，且定价方式得到普遍认可，才有可能稳定持续交易。非标准化产品交易不活跃，流动性差，是因为交易各方对资产标的无法形成准确认知，无法按照普遍认可的定价方式定价。因而，数据资源如何适当地标准化，节约交易双方信息收集、彼此信任和沟通成本，形成适合技术资源的普遍认可的定价方式，成为深化数据资源交易的关键。

2.隐私保护和垄断问题

数据要素还涉及"被映射对象"的权利义务，其中最重要的就是隐私保护问题。当数据只是映射自然界等非自然人时，没有主体主张隐私保护。而当数据延伸到自然人、团体时，涉及活动的主体，隐私保护问题就成为不得不关注的内容。社会活动主体的信息收集、处理和利用，需要获得当事人的同意，并仅用于特定目的，以保证社会活动主体信息的完整和安全。

目前我国针对个人信息保护的规定，散见于多部法律法规和各种文件中。近些年我国数据产业飞速发展，随之出现了不少数据"黑市"，个人信息泄露事件频发，因此迫切需要一部法律统一规范，包括界定个人信息范畴，规范信息的收集、存储、使用、共享、跨境传输等多个环节，并针对政府数据处理、企业商业化利用等不同主体不同应用场景，以平衡个人、企业和公共利益。

数据的特殊性在于，一方面，数据收集前需要当事人明确授权同意；另一方面，数据的复制又几乎没有成本，这就让数据具有显著的规模经济和范围经济效应，从而导致在数据要素资源化和资产化的过程中，极易引发垄断。

从数据是现实世界映射的角度来看，关键是管理好数据与现实世界的连接渠道，包括收集（数据形成时的连接）和应用场景（数据最终使用时的连接）两个维度。有必要从数据所反映世界的"权责利"，维持必要的多元竞争，特别是从保证"不唯一"角度加以规范。信息处理能力的提高往往是在数据使用过程中逐步迭代升级的，是用户和信息软件开发者共同提高的过程，过程中容易出现"先行者优势"甚至是"独占"的情况。为此，有必要在根据成本、效率选择信息处理机构外，保持必要的冗余。在政府和平台的采购中，除了要比较稳定性、运行效率和成本外，还要鼓励在确保安全的前提下，以一定比例允许其他开发者参与市场，进入迭代升级进程，保证市场提供者"不唯一"，防止市场力量过度"不均衡"。特别是引入了云存储、云计算技术后，在小比例的存储、计算和特定时间段的运行，引入"不唯一"的供应商，以便平衡安全、效率和稳定问题。

总之，我国已把数据要素作为核心投入要素，就有必要加大要素市场的基础设施建设力度，强化数据要素市场的规范和监管，合理界定数据要素及其生产过程中的权利归属，提高数据要素的定价和流通效率，实现从数据要素到数据资源再到数据资产的转换。

数据要素：特点、应用、现状及发展

王　强　　陈其云

一、数据要素特点

（一）数据持续实现价值延展

当前，数据在全球经济运转中的价值日益凸显，各主要国家围绕数据资源抢夺数字经济制高点的竞争日趋激烈。数据价值持续性溢出，这不仅代表着数据在经济社会中的定位不断提升，还标志着数据背后的内涵不断变革。

数据 ⟹ 数据资源 ⟹ 大数据 ⟹ 数据要素 ⟹ 数据要素市场化

从数据到数据资源：人们对数据的最初认识，是政府与相关事

王强系中国信息通信研究院规划所人工智能与数据治理中心副主任，陈其云系中国信息通信研究院规划所人工智能与数据治理中心主任。

业单位及国有企业与金融机构等主体统计或存储的各类数据。对政府部门而言，数据获取来源除了普查和抽样调查之外，还包括分割在不同部门和国有领域的各类常规性数据统计途径，如统计数据、各部门的业务上报数据等。对金融机构而言，很早就利用存储、统计的各类存贷款数据信息以及其他数据开展相关应用，金融是率先探索已积累的数据资源并开展数据应用的重点领域。

从数据资源到大数据：随着信息通信技术的快速发展，众多线下业务或纸质统计渠道均转移到线上平台，数据来源渠道获得极大丰富，互联网应用涉及的数据规模迅速超越传统上报数据，大数据的概念应运而生。各行各业开始重视由数据资源向大数据的价值转变，从数据采集、数据清洗，到数据存储、数据计算，再到数据挖掘、数据分析，通过深入关联分析，逐步探索开展大数据应用。在此期间，大数据成为各行业降本增效的重要技术手段，也成为各级政府促进产业转型跨越发展的新动能。

从大数据到数据要素：2019年，党的十九届四中全会通过的《中共中央关于坚持和完善中国特色社会主义制度，推进国家治理体系和治理能力现代化若干重大问题的决定》中，首次将数据增列为生产要素，要求建立健全由市场评价贡献、按贡献决定报酬的机制。刘鹤指出："数据作为生产要素，反映了随着经济活动数字化转型加快，数据对提高生产效率的乘数作用凸现，成为最具时代特征新生产要素的重要变化。"大数据跃升为数据生产要素，这是对数据生产价值与历史地位的极大肯定。

从数据要素到数据要素市场化：2020 年 4 月，中共中央、国务院发布《关于构建更加完善的要素市场化配置体制机制的意见》，这是中央第一份关于要素市场化配置的文件。文件强调，要加快培育数据要素市场，推进政府数据的开放共享、提升社会数据资源价值、加强数据资源整合和安全保护。市场化与资产化是生产要素的必备特征，而当前数据要素面临权属界定、价格平衡、交易流通等诸多待解决问题，数据要素市场化将是一个攻坚克难的重要历史进程。

（二）数据要素特点鲜明

围绕要素主体特征、权属流转模式、资源稀缺程度、管理规范标准、要素交叉关联、价值溢出效应等维度，综合分析土地、劳动力、资本、技术、数据五大生产要素，从各个维度探讨数据要素与其他要素的异同点。

五大生产要素特点一览

	土 地	劳动力	资 本	技 术	数 据
要素主体特征	主体单一	主体单一	主体多样	主体多样	主体繁杂
权属流转模式	权属明晰	权属明晰	权属明晰	权属明晰	权属复杂
资源稀缺程度	资源稀缺	资源稀缺	资源较为稀缺	资源较为稀缺	资源富足
要素交叉关联	相对独立	存在交叉	存在交叉	存在交叉	紧密交叉
价值溢出效应	溢出不明显	溢出不明显	溢出明显	溢出明显	价值倍增

从要素主体特征来看，数据要素因其易获取、易传播的特点，主体比较繁杂，如数据产生者、数据存储者、数据处理者、数据应用者等。土地、劳动力主体较为单一，如城市市区的土地属于全民所有，农村和城市郊区的土地，除法律规定属于国家所有的外，属于集体所有。资本、技术主体较为多样，如技术主体可以是科研机构、企业以及个人等。

从权属流转模式来看，数据要素因其强动态性的特点，权属流转较为复杂，如对于企业数据来说，数据是由企业行为（包括采集、加工、整理等服务增值行为）产生的，不过企业对于其收集、加工、整理的数据享有何种财产权益，企业在个人数据基础上开发的数据衍生产品及数据平台等财产权益受何种法律保护，这些权属问题都需要法律进一步界定。土地、劳动力、资本、技术均有确切的法律依据，权属界定相对明晰，如土地生产要素涉及土地所有权及由其派生出来的土地占有、使用和收益权。

从资源稀缺程度来看，数据要素因其易收集、易复制的特点，资源非常富足，如互联网用户个体每天产生1.5GB[①]的数据，一辆联网的自动驾驶汽车每运行8小时将产生4TB的数据[②]，Facebook每天

---

① 1GB=1024MB，1TB=1024GB，1PB=1024TB，1EB=1024PB，1ZB=1024EB.

② 数据来源：英特尔公司。

产生4PB的数据[1]，全球每天有50亿次搜索[2]。当然高价值的数据资源还是稀缺的，这也体现出了巨头平台公司的优势。土地、劳动力资源稀缺，这也是各地政府发展产业过程中最先需要解决的两大关键要素。资本、技术资源相对稀缺。

从要素交叉关联来看，数据要素因其强外部性的特点，与劳动力、资本、技术均紧密交叉关联，如数据要素可深度融入劳动力、资本、技术等每个单一要素，如人才大数据、金融科技大数据、知识产权大数据等，切实提高单一要素的生产效率，在此过程中数据要素将变得更为丰富、全面。土地要素相对独立，劳动力、资本、技术均呈现一定程度的交叉关联性。

从价值溢出效应来看，数据要素因其全局性的特点，可兼顾各方要素实现资源统筹优化，继而实现价值倍增，如数据要素可提高劳动力、资本、技术、土地这些传统要素之间的资源配置效率，以最优资源配置组合服务于整体生产，同时降低不必要资源的投入成本，创造更高的价值。一般来说，土地、劳动力价值溢出不甚明显，不过高附加值地块以及高水平人才团队价值溢出还是比较可观的。资本、技术价值溢出比较明显，资金流入与核心技术引入将带来不菲的价值溢出效应。

---

① 数据来源：Facebook公司。

② 数据来源：Smart insight。

二、数据要素整体发展与治理现状

近年来，我国数据规模急剧增加，除了生活类数据资源，公共服务类、行业类数据资源也不断积聚。例如，互联网应用、智慧城市、电子政务服务、企业上云等带来的数据量极其庞大。数据中心建设如火如荼，数据共享开放与利用积极推进，数据助力地方产业数字化渐次加速，数据治理逐渐突破。

（一）我国成为数据资源大国

据国际数据公司IDC测算，2018年中国数据圈占全球数据圈的23.4%，即7.6ZB。预计到2025年将增至48.6ZB，占全球数据圈的27.8%，中国将成为全球最大的数据圈[①]。白皮书将数据圈定义为每年被创建、采集或是复制的数据集合。因此，数据圈其实就是每年产生的数据的集合。由此可见，我国已成为数据资源大国。另外，据中国互联网络信息中心（CNNIC）数据显示，截至2020年3月，我国网民规模为9.04亿，互联网普及率达64.5%[②]。庞大的网民、丰富的互联网应用带来了规模巨大的数据量。随着移动互联网的快速发展，大众出行、社交娱乐、通信购物、教育医疗等日常生活开始离

---

① 数据来源：2019年1月《IDC：2025年中国将拥有全球最大的数据圈》白皮书。
② 数据来源：CNNIC发布的第45次《中国互联网络发展状况统计报告》。

不开各类手机App。从线下到PC线上，从PC线上到手机线上，个人信息采集获取的渠道更广、难度更低，数据资源也正变得维度更丰富、规模更庞大。但是，显然，我国还不是数据资源强国，涵盖数据采集、加工、管理、分析和应用全链条的大数据产业生态体系还需要加大力度培育。

（二）新基建"东风"带动数据中心建设

国家高度重视数据中心建设，释放积极政策信号。2020年3月4日，中央政治局常务委员会会议强调，要加快5G网络、数据中心等新型基础设施建设进度，要注重调动民间投资积极性。4月1日，习近平总书记在浙江考察时再次强调，要抓住产业数字化、数字产业化赋予的机遇，加快5G网络、数据中心等新型基础设施建设。4月20日，国家发改委首次明确新型基础设施的范围，三类新型基础设施之一的信息基础设施即包含以数据中心、智能计算中心为代表的算力基础设施。新基建迎来新机遇，数据中心建设必将乘势而起，建设规模将非常庞大。

地方政府超前布局，推动数据中心建设。2020年3月5日，广西印发《广西基础设施补短板"五网"建设三年大会战总体方案（2020—2022年）》，提出要建成60个以上自治区级大数据重点支撑平台，全区数据中心承载能力达到50万架标准机架。3月19日，山东省印发《山东省数字基础设施建设指导意见》，提出"2022年底在用数据中心机柜数达到25万架"等一系列目标和要求。5月7日，《上海市推进新型基础设施建设行动方案（2020—2022年）》正式发布。到2021年第一季度前，上海将新增6万数据中心机架供给，直接投资约120亿元，将带动投资超过380亿元。

企业真金白银投入，力促数据中心项目落地。互联网企业积极响应国家号召，快速做出反应。2020年6月6日，腾讯长三角人工智能超算中心及产业基地项目在上海松江正式开工，预估投资超过450亿元，占地236亩。该超算中心将成为长三角最大、全国前三的人工智能超算枢纽，预计2021年底陆续投入使用，将承担各种大规模AI算法计算、机器学习、图像处理、科学计算和工程计算任务。6月19日，百度宣布未来十年将继续加大在人工智能、芯片、云计算、数据中心等新基建领域的投入，预计到2030年百度智能云服务器台数将超过500万台，根据市场测算，约等于3000亿元人民币加码新基建。

（三）数据共享开放应用稳步推进

政府数据共享方面，2016年9月发布的《国务院关于印发政务信息资源共享管理暂行办法的通知》（国发〔2016〕51号）要求，各部门业务信息系统应尽快与国家数据共享交换平台对接。自2017年，《国务院办公厅关于印发政务信息系统整合共享实施方案的通知》

（国办发〔2017〕39号）、《国务院办公厅关于印发国务院部门数据共享责任清单（第一批）的通知》（国办发〔2018〕7号）陆续出台，进一步明确了数据共享要求。2019年，国家数据共享交换平台提供受理服务8622次，同比增长102.39%，平台和各部门共授权7265次，同比增长142.65%。31个国务院部门在国家共享平台注册发布实时数据共享接口1153个，约1.1万个数据项，涵盖个人身份、出生、教育、婚姻、社保等自然人相关信息，企业基本信息、信用信息、资质信息等法人相关信息[①]。

政府数据开放方面，2017年2月十八届中央深改组第三十二次会议审议通过《关于推进公共信息资源开放的若干意见》，这是我国第一次对公共信息资源开放和利用进行顶层设计。2018年1月5日，中央网信办、国家发展改革委、工业和信息化部联合印发了《公共信息资源开放试点工作方案》，确定在北京、上海、浙江、福建、贵州开展公共信息资源开放试点。从国家部门数据开放与利用看，少数部门已建设了数据开放平台。交通领域是当前国内数据开放和应用最重要的领域，交通数据的商业和社会价值非常高。2016年11月，交通部"出行云"综合交通出行大数据开放云平台上线，迈出国家部门数据开放征途上的一小步。截至2020年7月，平台上开放的数据集有195个，其中原始数据集共161个，开放数据较多的是班线客

---

① 数据来源：国家信息中心。

运、地面公交、高速公路等领域，分别开放了42个、33个和31个数据集①。

从地方政府数据开放与利用看，上海、北京、广东、贵州等地已经开展了诸多探索。据数据显示，截至2019年10月，我国已有102个省级、副省级和地级政府上线了数据开放平台，平台总数首次超过100个②。与2019年上半年相比，新增20个地方平台。我国51.61%的省级行政区、66.67%的副省级和24.21%的地级行政区已推出了政府数据开放平台。地级以上平台数量逐年翻番，从2017年的20个，到2018年的56个，再到2019年的102个，"开放数据，蔚然成林"已从愿景成为现实，政府数据开放平台已日渐成为一个地方数字政府建设的"标配"。在数据开发利用上，目前被利用的数据集数量较少，主要来自交通运输、统计、教育、市场监管、人力资源和社会保障、农业农村、公安、卫生健康和文化旅游等9类政府部门。

（四）数据要素助力地方产业转型发展

数据要素正不断加速地方产业数字化转型发展进程。数据要素对传统产业中的研发设计、生产制造、经营管理、销售服务等环节会产生重要影响，能够为传统生产型企业提供从生产到运行的全流程

---

① 数据来源："出行云"综合交通出行大数据开放云平台。
② 数据来源：复旦大学《中国地方政府数据开放报告（2019年下半年）》。

大数据分析能力，提升中小企业在资源、能力、信息共享方面的深层应用，加快制造企业转型升级、创新商业模式、推进供给侧结构性改革。2019年我国产业数字化增加值规模约为28.8万亿元，2005年至2019年复合增速高达24.9%，显著高于同期GDP增速，占GDP比重由2005年的7%提升至2019年的29.0%[①]，产业数字化加速增长，成为国民经济发展的重要支撑力量。各行业数字化转型需求与日俱增，智能制造、智慧交通、智慧仓储、产业链协同等领域在数据要素的作用下亮点不断、规模持续壮大。

地方产业发展对数据需求巨大，且数据要素的地位也在不断提升。地方开展招商时，对接的企业均想获取当地数据资源或者建立与当地政府、事业单位的对接渠道。对于地方政府来说，主要的方式就是建立大数据平台汇聚公共服务数据资源，逐步引入社会数据资源，再以数据资源来吸引第三方企业开展创新应用，不过实际上后面这两个环节是难以落地的。目前，已有地方尝试数据招商，这也是近年来各地发展地方数字产业的探索性招商策略。为何是探索，因为实际执行难度大，蓝图美好，但也有不可预估性。实际执行过程，企业还是围绕政府所掌握的，且部分公开的、动态性不甚理想的、与民众经济社会生活有一定距离的公共服务领域数据。

[①] 数据来源：中国信息通信研究院《中国数字经济发展白皮书（2020年）》。

（五）数据治理工作呈现积极态势

个人信息采集治理步入正轨，有效规范互联网平台对用户信息的采集。长期以来，数据被过度采集的问题一直是社会关注的热点。例如，App后台悄悄收集用户信息时有发生，造成用户个人信息泄露。不少App通过非法、违规收集用户个人信息牟利。但是，此前国家一直没有相关法规条例认定如何才算是违法违规收集信息，这给处罚造成了困难。2019年1月25日，中央网信办、工业和信息化部、公安部和国家市场监管总局等四部门联合发布《关于开展App违法违规收集使用个人信息专项治理的公告》，决定自2019年1月至12月，在全国范围组织开展App违法违规收集使用个人信息专项治理。同年11月28日，国家互联网信息办公室秘书局、工业和信息化部办公厅、公安部办公厅、国家市场监管总局办公厅联合印发《App违法违规收集使用个人信息行为认定方法》，界定了App违法违规收集使用个人信息行为的六大类方法。

近些年，我国在数据治理领域加速推进立法工作，逐渐填补制度漏洞。2020年5月28日，第十三届全国人民代表大会第三次会议通过了民法典，这是一部具有里程碑意义的法律。民法典在人格权编中将隐私权和个人信息保护作为单独章节进行具体规定，体现了当前我国对保护隐私和个人信息的高度重视。7月3日，第十三届全国人大常委会第二十次会议对《中华人民共和国数据安全法（草案）》进行了审议。主要内容包括：确立数据分级分类管理以及风险评估、监测预警和应急处置等数据安全管理各项基本制度；明确开展数据活动的组织、个人的数据安全保护义务，落实数据安全保护责任；坚持安全与发展并重，规定支持促进数据安全与发展的措施；建立保障政务数据安全和推动政务数据开放的制度措施。数据安全法将与网络安全法和正在制定的个人信息保护法等做好衔接。按照全国人大常委会立法规划和年度立法工作计划的安排，全国人大常委会法工委会同中央网信办正在抓紧个人信息保护法草案起草工作，争取尽早提请全国人大常委会审议。

三、数据要素发展先进实践

（一）数据开放——上海市公共数据开放

公共数据开放已成为上海市智慧城市建设的新名片。上海市大数据中心依托大数据资源平台，打造全新的公共数据开放平台，并设立了分级分类开放模式。

全新的上海市公共数据开放平台新增了"数据地图"功能，不断增强服务能力；增加数据沙箱环境，为进一步扩大数据开放范围做好准备；同时，增设"开放生态"专栏，面向数据服务企业做到功能上可注册、可加入、可展示，面向数据开放主体和利用主体做到服务采购可信、可选、公开、透明。截至2020年6月，平台已面向社会累计开放3654个公共数据资源库，涉及经济建设、城市建设、资源环境、公共安全、民生服务、卫生健康、道路交通、教育科技、文化休闲、机构团体、社会发展、信用服务等12个数据领域[①]。不仅如此，上海市先行先试分级分类开放模式。对开放级别较低的数据，无条件开放；对开放级别较高的数据，如交通违章处罚、公共卫生监测等数据，提出专门应用场景、安全保护能力等开放条件，并加强开放前评估和开放后监管；对敏感类数据，尤其是涉及个人隐私、商业秘密、国家秘密的，纳入非开放类严格保障安全，并开展动态管理，对经脱敏脱密处理的可以补充开放，对出现数据泄露等风险的要及时撤回。

（二）数据共享——UCloud安全屋

为应对目前大数据产品都侧重于单个数据源内部的数据处理，不能支持数据源之间的共享和对外开放的问题，UCloud推出安全管理、区块链及多方安全计算的安全屋平台，确保数据在安全前提下

---

① 数据来源：上海市公共数据开放平台。

流通共享。

UCloud采用安全屋区块链完成数据的发布和确权，实现了在原始数据对除数据持有者外其他方均不可见的情况下，经过协同计算对数据进行联合分析之后，输出需求方所需的分析结果，保障了数据在安全不外泄的前提下进行正常的流通共享。以厦门市全国首个大数据安全开放平台为例，UCloud安全屋成为平台上涉及法人、信用、交通、旅游等多领域200多亿条数据的"安全卫士"。截至2020年3月，平台已吸引来自全国50余家大数据处理、分析、开发、应用机构入驻，形成厦门大数据开放的生态产业链[①]。此外，UCloud安全屋还持续为上海市大数据资源平台项目建设提供助力。

（三）数据治理——贵州省政府大数据综合治理体系

贵州省在数据治理模式建设中卓有成效，重点围绕组织架构、工作机制、标准规范三个层面，初步形成了"共治、法治、精治"的数据治理模式。

贵州省建立了"云长制"多元主体互联组织架构，于2017年相继发布《全面深化推进"云长制"工作方案》《省人民政府办公厅关

---

① 数据来源：https://tech.ifeng.com/c/7untJKKv8fX。

于全面推行"云长制"的通知》等治理政策，解决"数据资源谁来建"的主体互联难点问题，引领广西、重庆效仿学习。贵州省确立了多元数据价值实现互通工作机制，发布《贵州省政府数据资产管理登记暂行办法》《贵州省政务信息数据采集应用暂行办法》等治理政策，解决"数据资源从何来"的数据互通痛点问题。贵州省制定了"聚通用"多维度要素互动标准规范，发布《"云上贵州"平台应用规范指南》《云上贵州数据共享交换平台接口规范》《贵州省大数据清洗加工规范》等治理政策，解决"数据资源如何用"的要素互动问题。

（四）数据治理——上海数据交易中心CRP金融征信数据产品[①]

为解决金融风控行业内关于效率、质量、合规三大行业难题，上海数据交易中心推出中国企业信用风险画像库CRP（CREDIT RISK PROFILE）产品。

CRP系统采用了上海数据交易中心自主知识产权的六要素元数据规整技术，将所有数据源统一规约封装，通过一点接入的自定义路由策略，为客户提供一键式毫秒级数据服务，解决数据获取的效

---

① 案例来源：中国信息通信研究院云计算与大数据研究所。

率难题。CRP系统提供了一套基于质量评估的多源数据路由筛选系统，为客户筛选出该标签、该地域、在客户心理价位内的最优质数据源，解决数据质量难题。针对合规难题，上海数据交易中心和公安部第三研究所合作研制了xID数据标记技术，实现了数据去身份化解决方案；上海数据交易中心联合行业内知名企业机构开发了基于电子签名和区块链数据血缘存证的授权组件，实现了合法授权的解决方案。CRP产品自2017年11月上线以来，大幅提高了监控精准度和决策效率，支持每日千万级别的金融交易量。

（五）数据安全——浪潮云数据铁笼

浪潮云推出数据铁笼IDS（Inspur Date Seal），解决数据复制、数据泄露的风险。实现数据"非授权不可用""可用不可见""数据不出笼"。

浪潮云数据铁笼依托区块链技术、云计算、云存储等技术，实现敏感数据使用的安全模式，数据可用不可见，无授权不可用。多方数据资源通过数据授权子系统中授权管理、访问审计等流程后，通过加密传输通道以不落磁盘的形式保存于弹性数据容器中，实现数据内存计算、即用即焚，确保数据隐私，保障数据安全。浪潮云数据铁笼为多方安全计算场景提供第三方支持和服务，通过提供FaaS（功能即服务），将多方数据提取到浪潮云环境上进行计算，用后即销毁，仅返回计算结果。通过区块链引擎服务，提供数据计算全流程的安全审计。2019年10月，浪潮爱城市网联和济南市公安局共同推出数安链，打造数据铁笼IDS，济南公安无犯罪证明核查、电子居住证等服务成为首批应用场景。

（六）数据市场——北京金融公共数据专区

北京市就金融领域公共数据资源管理与应用进行了很好的探索。为加强公共数据在金融及社会领域的应用，加快建设金融公共数据专区，北京市经信局于2020年4月发布《关于推进北京市金融公共数据专区建设的意见》（以下简称《意见》）。

《意见》提出，探索通过授权开放的方式推动金融公共数据应用。金融公共数据是指本市各级行政机关和公共服务单位在履行职责和提供服务过程中获取和制作的，以电子化等形式记录和保存的，可以开放的具有金融属性或金融应用价值的政务数据资源。《意见》明确，经市政府同意，由市经济和信息化部门授权具有公益性、公信力、技术能力和金融资源优势的市属国有企业对专区及金融公共数据进行运营。鼓励运营单位进行金融公共数据市场化开发应用的先行先试，并从便捷、公平两个角度对运营单位服务水平做出要求。金融公共数据专区已于4月底初步建成，目前汇聚了涵盖200余万市场主体的登记、纳税、社保、不动产、专利、政府采购等224类

3000项高价值数据[①]，积极支持了首贷中心业务办理，为中小企业应对疫情，解决融资难、融资贵问题进行了有益探索。

四、数据要素发展探讨

虽然大数据的发展已过七载，大数据上升为国家战略，成为各地产业转型的重要驱动力，但数据要素产业发展尚未成熟，数据要素市场培育尚未成型，数据要素市场化配置之路亟须多方协同努力开拓。遵循价值延展路径，围绕数据要素的核心工作可分为三个阶段，依次是基础性工作、提升性工作、市场化工作，这也是壮大数据产业、培育数据市场的必经步骤。

（一）夯实基础性工作，将数据共享开放做到实处

共享开放是数据要素最为基础的环节。政府数据因其公共性、全面性、高价值性，被视为最需要开展数据共享开放的领域。政府内部的数据流通和开放，既包括了不同层级政府之间，也包括了政府内部各部门之间以及涉及的相关事业单位之间。针对政府数据共享

---

① 数据来源：北京市经济和信息化局。

开放，不论是国务院层面，还是各地政府，均在持续推进，密集发布相关意见、实施方案，支持建设区域统一的大数据平台等，不过实际落地效果参差不一。国家发改委制定的数据共享目标，各地上报完成情况与实际情况可能存在一定的出入。

即将迎来"十四五"开端，各地政府应及时总结"十三五"期间公共数据共享开放的经验、问题，强化数据共享开放思路目标、政策法规等工作的顶层设计谋划，尽早调整工作思路，优化创新共享开放工作机制。不仅如此，更要主动作为，加强考评考核，激励各级主体主动参与数据共享开放，探索区块链、人工智能等前沿技术在数据共享中的创新应用，而非被动应对。

同时，要加强对社会数据资源的引导，支持政府公共数据资源与社会数据资源对接打通，并鼓励社会数据资源主体积极变现、开拓创新应用。社会数据资源，目前还处于较为封闭的生态内。企业很重视数据资源的价值挖掘，逐步推进数据资产管理，不过基本是限于外部数据可以进来但自身数据不能轻易流出的死循环内，因为数据资源一定程度上代表着企业的核心能力与核心价值。因此，"十四五"期间提升企业对自身数据资源的共享开放意愿，将是重中之重。

（二）重视提升性工作，加大对数据治理的投入

数据治理是提升数据要素质量、保障数据要素流通合法合规的

关键环节，正成为数据要素市场不可或缺的重要板块。但是，当前数据治理所面临的问题与挑战正不断加剧，如政府公共数据中非结构化数据类型日益增多、数据权属日益复杂和难以界定的挑战，互联网平台超范围收集个人信息、违法违规使用个人信息等问题，潜在的安全和隐私风险日益严重。

要强化对数据治理的投入，明确数据治理整体框架，推出数据治理解决方案。数据治理关键性领域包括整体战略、组织架构、数据质量标准、数据生命周期流程、数据安全隐私与合规等，数据治理关键主体包括数据治理委员会、数据生产者、数据管理者、数据应用者等数据利益相关者。围绕数据治理关键领域与关联主体，建立面向各地方政府、各行业的数据治理决策体系，从而提升数据资源的价值。《数据管理能力成熟度评估模型（DCMM）》国家标准的发布是我国推进数据治理的重要举措，该标准于2018年10月起实施。中国电子信息行业联合会于2020年6月29日组织召开"数据管理能力成熟度评估工作推进会"，公布了北京市、天津市、河北省、山西省、上海市、江苏省、广东省、贵州省、宁波市等九个首批数据管理能力成熟度评估试点地区。"十四五"期间数据管理将成为热点，各地各行业要提升数据管理能力，推广数据管理能力国家标准，推动建立企业数据治理能力评估体系。

（三）布局市场化工作，以数据资产化推进数据交易流通

数据资产化是发挥数据要素价值、培育数据市场的必经之路。数据资源要想成为生产要素，具备同其他生产要素一样的交易流通特性，就必须实现资产化，明确数据权属、数据定价等核心内容，使数据资源成为个人、政府部门、企业的可变现与可提升价值的资产。同时，既然是资产，就要严格按照法律制度执行，只有在保障各方权益不受侵害的前提下，才能逐步建立一个健康可持续的数据交易流通生态。

当前我国尚未建立数据资产化、商品化体系，数据主体活力不足，数据产品零散化，数据交易黑市化，数据滥用和诈骗等问题频现。对此，需加强探索试点工作，围绕有良好基础的行业领域，挖掘数据交易场景，在实验环境中测试数据产品的稳定性、合规性，探索数据交易流通的可行性、合法性等。在此基础上，进一步提炼经验、固化流程、设立标准。同时，必须推进数据要素相关立法工作，如数据权属、数据市场准入、数据安全等，使数据在法治化的基础上资产化、商品化。

第二章

数据要素与数字
经济的发展

数据在数字经济中的价值与作用

王素珍　马晨明

　　习近平总书记高度重视数据要素在促进经济高质量发展中的作用，他在 2017 年 12 月 8 日主持中共中央政治局第二次集体学习时，即高屋建瓴地指出："要构建以数据为关键要素的数字经济。"《中共中央国务院关于构建更加完善的要素市场化配置体制机制的意见》正是对习近平总书记指示精神的进一步贯彻和落实。

　　把数据作为一种生产要素单独列出，反映了我国经济新常态的新特征，是中国特色社会主义市场经济的重要理论创新，对推动数字经济发展、提升数据要素价值具有重大现实意义。同时，作为新生事物，目前，无论是在理论方面还是在实践方面，数据要素的一些基本问题和概念都存在进一步探讨和辨析的必要。本节拟从数据要素的定义、特点，数据要素与新基建的关系（数据

王素珍系中国支付清算协会副秘书长，马晨明系中国支付清算协会业务协调三部副主任。

要素关键技术的逻辑关系）以及数据要素的价值体现等方面展开论述，抛砖引玉，希望对大家理解数据要素在数字经济中的价值与作用有所帮助。

一、万物皆数据，无处不互联

世界是物质的，物质是数据的，数据无处不在；而且，数据是可以被计算和量化的。是谓万物皆数据。

从互联网到物联网，从1G到5G，所有物理世界中的事物都成为传感器，数据交互实时发生。是谓无处不互联。

呈指数级增长的数据，淡化了现实与虚拟的区别，模糊了供给与需求的边界，并一步一步改变着我们的生产、生活和思维方式，一步一步塑造着新的经济形态、经济秩序和经济规则。这一切是怎么发生的，数据的力量来自哪里，数据的价值何在，要回答这些问题，最直接的方式是回到事情发生的原点，即什么是数据？

（一）数据是能够被数字化传递或处理的记录

什么是数据？先来看两个经常被引用的定义。

一个出自2002年，数据是"进行各种统计、计算、科学研究或技术设计等所依据的数值（中国社科院语言研究所：《现代汉语词典》，商务印书馆）"；另一个出自2018年，数据是"能够被数字化传递或处理的数字形式信息"（〔美〕戴维·赫佐格：《数据素养：数据使用者指南》，沈浩等译，中国人民大学出版社）。

前者随后又对"数值"进行了定义，"一个量用数目表现出来的多少，叫作这个量的数值。如3克的'3'，4秒的'4'"。似乎是将数据和数字等同起来。笔者认为，数字就是数据这个表述没有问题，但是说数据就是数字，不符合现在的实际情况，显然很难令人满意。

后者在定义中提出了"信息"这个概念（关于数据和信息的关系，后文有所论述，在此不赘），以一个抽象概念定义另一个抽象概念，这种思维上的误区产生的定义同样难以令人满意。但其可取之处在于，指出了数据的一个重要特点，即"能够被数字化传递或处理"，这也是数据之所以成为生产要素的基本条件之一。

数据其实是一个带有鲜明技术色彩的概念，其内涵随着技术的更新与迭代而不断延伸，尤其是信息技术的发展使数据的形式和内容都发生了极大改变。数据曾经就是数字，但现在，文本、声音、图片、视频甚至行动轨迹等先后成为数据，而数据的应用早已跳出了"统计、计算、科学研究或技术设计"等相对专业领域的限制，深入社会经济、商业活动和人们日常生活的方方面面。

什么是数据？笔者认为，数据是能够被数字化传递或处理的记录。这里有两个含义：一方面，数据是观察的产物，是对已经发生的行为、事件的客观或者主观的记录。这种记录可以由人产生，也可以由机器产生，可以来自线上，也可以来自线下。另一方面，作为生产要素的数据，必须能够被数字化传递或处理，不能被数字化传递或处理的记录，无法形成产业效应、支撑社会治理和规模化商业应用以及产生显著的经济效益和社会效益。因此，虽然就存在形态而言，目前数据有数字化的，也有非数字化的，但随着数字经济的发展，非数字化的数据会越来越少并终将被数字化。

数据的产生依赖于记录数据的技术工具。不同的时期有不同的技术工具，使得数据的形式和内容处于动态变化中，我们无法预测十年后数据的形式和内容，就像我们十年前想不到现在数据的形式和内容一样。当然，十年前，我们也不会想到，数据会成为生产要素。

（二）三类三级区分法

数据的类型繁多，目前还没有科学的分类分级规则。本节拟按照产生数据的主体和数据的来源，将数据大致分为政务数据、企业数据和个人数据三类。同时，在三类数据中，按照风险级别、商业价值和隐私程度，分为红色数据、橙色数据和绿色数据三级。

其中，红色数据风险等级最高、商业价值最大、隐私程度最强，应严格控制其使用范围，禁止其流通和交易；橙色数据次之，是流通和交易数据中的主体，部分橙色数据在自愿的前提下，可以开放共享；绿色数据风险级别最低、商业价值最小、隐私程度最弱，是开放共享数据中的主体，在市场有需求的前提下，可以流通和交易。

数据的分类分级可能会衍生出专业学科和岗位，三类三级区分法是笔者从易于应用的角度提出的一种解决思路，完善亟待补充之处甚多，尚需深入探讨，在此仅对三类区分法略作说明。

政务数据，即只有政府部门才有权力采集、拥有、管理和发布的数据，如财政、税收、统计、金融、公安、交通、医疗、卫生、食品药品管理、就业、社保、地理、文化、教育、科技、环境、气象等数据。政务数据具有权威、公信力强、专业化和全覆盖等特点。

企业数据，即市场机构进行商业活动或因其他需求所采集、加工、整理和拥有的数据，如电商平台、搜索引擎、社交网络平台、通信运营商、银行、支付清算组织、科技公司等拥有的数据。企业数据具有集中度高、内容丰富、精确和确权难等特点。

个人数据是自然人在网络上留下的痕迹，包括静态数据和行为数据两种类型。静态数据如姓名、年龄、性别、民族、声纹、指纹、人脸、地址、身份证号码、联系人列表、个人爱好和经济条件等；

行为数据如消费、交易、评论、互动、游戏、直播、搜索和行动轨迹等。个人数据既包括自然人主动提供的，也包括在自然人不知情情况下被动抓取的。个人数据具有隐私性强、碎片化、真实和确权难等特点。

当然，在政务数据、企业数据和个人数据三种类别中，同一数据在不同类别中会有一定的重叠，需要在应用的时候具体分析。

（三）数据是21世纪的原材料

在数据成为要素的时代，数据的角色发生了改变。数据曾经是人们观察自身、社会和自然的结果，不会自动出现在我们面前。但是，现在通过各种传感器和智能设备，越来越多的数据自动涌现，令人眼花缭乱，甚至影响我们的思维方式和学习方式。经验变得不再重要，相关关系取代因果关系成为研究的重点。而在科技、研究、生产和服务等领域，数据不再只是结果，同样成为科技、研究、生产和服务等领域的对象和工具，成为科技、研究、生产和服务等领域的基础和创新源泉。这是笔者认为数据具备的第一个特点。

数据的第二个特点是，虽然现在数据越来越容易获取，但相对而言，数据的采集、存储和处理需要较高的前期沉没投入成本，与后期使用时的可复制、可重复使用、可共享、趋近于零的交易成本形成强烈反差。这种特殊的结构和特点，可以从一定程度上，解释"数据烟囱"林立、"数据孤岛"密布和数据垄断等令人无可奈何的现状。

数据的第三个特点是，数据可以被生产，不能被销毁，在物理上不会消减或腐化。因此，数据又是一种无形的、能被反复交易的生产要素。同时，数据可积累，不同数据之间具有互补性、相互操作性和可连接性。数据与数据的聚合，可能存在规模报酬递增情形，也可能存在规模报酬递减情形。并不是数据越多价值越大，数据规模不是数据价值的决定因素，数据内容和数据质量很重要。

数据的第四个特点是，数据价值具有相对性，估值困难。一方面，一些数据有时效性，其价值随时间变化而变化；另一方面，同一组数据对不同对象、在不同场景下的价值可能大相径庭。而且，数据的大部分价值是潜在的、未知的及不确定的，对数据价值的判断和挖掘将成为数字经济时代最重要的能力。

数据的本质，是蕴含在数据背后的信息和知识。至于数据、信息和知识三者之间的关系，我们可以从100多年前英国作家艾略特的诗歌中得到启迪（后来被提炼为DIKW模型）。简单说，信息是经过处理的、具有逻辑关系的数据，知识是经过归纳、演绎的有价值的信息，即从数据中提取信息，从信息中沉淀知识。数据本身也许没有任何意义，但是，它是21世纪的原材料。数据天然具有技术基因，因此，作为生产要素的数据，与其他生产要素特别是技术要素的结合，可以产生更大的价值，并赋予其他生产要素更多的能量。这是数据的第五个特点。

当然，数据还有诸多其他特点，比如前文提到的确权困难，以及边际效用递增、加深数字鸿沟等，限于篇幅，不再一一展开论述。

二、千里之行，始于新基建

2020年5月22日，新型基础设施建设（以下简称新基建）被首次写入《政府工作报告》。经济发展离不开基础设施建设，基础不牢，地动山摇。新基建就是数字经济发展的战略基石，是赋能传统产业和新兴产业的重要支点。

数据要素的千里之行，始于新基建；数字经济的千里之行，同样始于新基建。

（一）数据是新基建的基础设施

新基建的概念始自2018年。在2018年4月全国网络安全和信息化工作会议上，习近平总书记多次就信息基础设施和网络基础设施进行强调，当年年底的中央经济工作会议对新基建进行了布局。

新基建是个带有时代感和中国特色的概念，是对发展数字经济基础设施建设的高度概括。目前，对新基建的具体指向还没有形成统一的规定。为便于讨论，笔者提到的新基建，特指以物联网、云计算、大数据、人工智能和区块链等新一代信息技术为支撑的新基建。这五项技术的共同点是，均围绕数据要素的全生命周期开展一系列创新与应用，推动了数据要素的爆发性增长和大规模使用，并使数据要素产生了规模报酬递增效应。五项技术出现的时间，均远早于新基建概念提出的时间。从理论上说，这既是个正常现象，也是个有趣的现象。

新基建的核心是增强数据采集、存储、传输和计算能力，是信息技术在各领域的广泛应用。新基建是数字经济的基础设施，数据是新基建的基础设施。

下面，笔者尝试勾勒新基建五项技术在数据应用过程中的逻辑关系。

（二）五项技术层层递进，构成了一个密不可分的处理数据的整体

数据是能够被数字化传递或处理的记录。"数字化传递或处理"，成为物联网、云计算、大数据、人工智能和区块链技术的连接纽带。

1.物联网

物联网概念最早出现在比尔·盖茨1995年出版的《未来之路》一书中。1998年，美国麻省理工学院提出了当时被称作EPC系统的物联网的构想。2005年11月17日，国际电信联盟（ITU）发布《ITU互联网报告2005：物联网》，正式提出了物联网的概念。

物联网的定义是，通过射频识别、红外感应器、全球定位系统、激光扫描器等信息传感设备，按约定的协议，把任何物品与互联网相连接，进行信息交换和通信，以实现对物品的智能化识别、定位、跟踪、监控和管理的一种网络。

人、机、物之间的信息交互是物联网的核心。从通信对象和过程来看，物联网的基本特征可概括为整体感知、可靠传输和智能处理三类技术。

整体感知——可以利用射频识别、二维码、智能传感器等感知设备获取物体的各类信息；可靠传输——通过对互联网、无线网络的融合，将物体的信息实时、准确地传送，以便信息交流和分享；智能处理——使用各种智能技术，对感知和传送到的数据、信息进行分析处理，实现监测与控制的智能化。

物联网即"万物相连的互联网"，是在互联网基础上进行延伸和扩展的网络，是使用传感设备把物品与互联网连接起来进行信息交换的网络，可以在任何时间、任何地点，实现人、机、物的互联互通，实现物理生产环境的智能化识别、定位、跟踪、监控和管理，提供实时、客观、海量的原始数据。物联网是数字经济和数据采集、传输的最底层信息基础设施。

2.云计算

2006年8月9日，谷歌首席执行官埃里克·施密特首次提出云计算（Cloud Computing）的概念。但其源头可以追溯到1965年Christopher Strachey发表的一篇论文，该文提出了"虚拟化"的概念，而虚拟化正是云计算基础架构的核心，是云计算发展的基础。

云计算是一种通过网络将可伸缩、弹性的共享物理和虚拟资源，以按需自服务的方式供应和管理的模式（全国信息技术标准化技术委员会：《信息技术 云计算 概览与词汇》）。云计算有三种服务形式：基础即服务（IaaS）、平台即服务（PaaS）和软件即服务（SaaS）。其基本技术包括虚拟化技术、分布式存储以及资源调度和管理等，异构计算、微服务、边缘计算、智能融合存储和意图网络等技术是下一代云计算技术的发展方向。

经过多年实践，目前，云计算已经完成了对计算资源和存储资源的软件定义，发展成一种公共计算服务。

云计算本质上是将具备一定规模的IT物理资源转化为虚拟服务的形式，并将其提供给消费者，具有可靠性和可扩展性。云计算改变了IT设施投资、建设和运维模式，降低了IT设施建设和运维成本，提升了IT设施承载能力，并凭借强大的计算能力和海量的存储资源，通过数据集中汇聚，形成"数据仓库"，实现数据的集中化管理，提升数据的共享程度。

3.大数据

大数据伴随着计算机应用和网络发展应运而生。在20世纪90年代，数据库技术的成熟和数据挖掘理论的成熟，是大数据发展的基础。2006—2009年，谷歌发布《基于集群的简单数据处理：MapReduce》，主要技术包括分布式文件系统GFS、分布式计算系统框架MapReduce、分布式锁Chubby，以及分布式数据库BigTable，大规模的数据集并行运算算法，以及开源分布式架构（Hadoop），标志着大数据的正式出现。

2011年，麦肯锡全球研究所对于大数据的定义是，一种规模大到在获取、存储、管理、分析方面大大超出了传统数据库软件工具能力范围的数据集合。其技术特点是对海量数据进行分布式挖掘，但必须依托云计算的虚拟化技术、分布式处理和分布式数据库等。大数据的主要技术包括数据的采集、储存与清洗、查询与分析以及可视化展示等四类技术。随着技术的成熟，2013年，大数据开始向商业、科技、医疗、政府、教育、经济、交通、物流等各个领域渗透。

大数据的意义不在于掌握庞大的数据，而在于对庞大的数据进行专业化处理。

大数据具备随着数据规模扩大进行横向扩展的能力，可以将结构化数据、非结构化数据、业务系统实时采集数据等，以分布式数据库、关系型数据库、非关系型数据库等数据存储计算技术进行分类存储、计算、管理以及高效实时地处理，剔除没有价值的数据，提炼不同的特征，对汇聚和存储的海量数据进行归纳、挖掘、分析和总结。

4. 人工智能

人工智能（AI）是一门结合了自然科学、社会科学、技术科学的新兴学科。人工智能的本质是完成机器对人的思维的模拟、延伸和扩展，体现在计算智能、感知智能与认知智能三个方面。

1956年，马文·明斯基、约翰·麦卡锡和香农等人组织了达特茅斯会议，会议确定了人工智能的名称和任务，这一事件被认为是人工智能诞生的标志。

人工智能主要研究方法的发展主要为以下几个阶段：20世纪40年代到50年代，依托于大脑模拟，制造出使用电子网络结构的初步智能；60年代，符号处理法出现；80年代，子符号方法出现；90年代，统计学法出现，90年代后期，结合上述方法衍生出集成法；21世纪至今，随着硬件计算能力的提升，自动推理、认知建模、机器学习、深度神经网络（DNN）、专家系统、深度学习、语音识别、图像识别、自然语言处理相关技术的提升及运用，人工智能在经历多次低谷后开始进入持续爆发期。

深度学习是人工智能的关键技术，而深度学习正是在物联网、云计算和大数据日趋成熟的背景下，才取得了实质性的进展，信息技术相互融合、相互依赖和相互促进的关系及重要性也由此可见。

算法、算力与数据是人工智能崛起的主要原因。目前，人工智能的智慧化、通用化程度仍有待提升，在跨领域等复杂场景中的处理能力仍显不足，与脑科学、神经科学、数学等学科的交叉研究，将成为人工智能进一步发展的重要方向。

人工智能凭借机器学习、自然语言处理、生物识别、语音技术等关键技术，对数据进行智能分析和决策，有助于解决物联网设备之间各种通信协议不兼容等问题，提高数据采集与处理的质量和人机交互能力。

5.区块链

区块链也称分布式账本（Distributed Ledger），是由包含交易信息的区块从后向前有序连接起来的数据结构。区块链的概念，由比特币的创造者中本聪于2008年在其论文《比特币：一种点对点的电子现金系统》中首次提出，是构建比特币区块链网络与交易信息加密传输的基础技术。

区块链不是单独的一项技术，而是现有技术的集成式创新，这些技术早已出现。例如，共识算法在20世纪60年代就已经出现，智能合约在90年代初开始探讨。2016年，工信部指导编写的《中国区块链技术和应用发展白皮书（2016）》中，提出了共识机制、数据存储、网络协议、加密算法、隐私保护和智能合约六类区块链关键技术。目前，区块链主要应用在数字货币、溯源、存证、供应链金融、跨境交易和资产数字化等领域。

区块链主要分为公有链、私有链、联盟链和许可链四类，已经发展成一种新型基础架构和计算范式。但要实现区块链的规模产业应用，还需要在共识网络下高吞吐及低延时的交易处理能力、链上数据安全及隐私保护、低成本分布式存储以及区块链之间的兼容性和可操作性等方面取得重大突破。

区块链的本质，是构建了一个在数字经济时代以技术为背书的全新信任体系。

区块链具有分布式存储、去中心化、数据不可篡改的特点，区块链上的数据按照时间顺序形成链条，具有真实、可追溯等特性。信任在任何时候都是商业得以进行的基础，区块链有助于人工智能实现契约管理，并提高人工智能的友好性。

从逻辑关系来看，物联网可以广泛感知和采集各种数据，起到了数据获取的作用；云计算可以提供数据的存储和处理能力，起到了数据运算的作用；大数据可以管理和挖掘数据，从数据中提取信

息，起到了数据分析的作用；人工智能可以学习数据，将数据变成知识，起到了数据智能的作用；区块链则以技术构建了一个新的信任体系，可以使人们在素不相识的情况下，开展商业活动、进行价值交换，起到了数据信任的作用。

简单概括一下，即物联网提供数据获取，云计算提供数据设备，大数据提供数据分析，人工智能提供数据智能，区块链提供数据信任，五项技术层层递进，构成了一个处理数据要素的密不可分的整体。

三、数据恒久远，价值久流传

遗忘是人的天性，但互联网可以帮你记忆，而且是以数据的形式留存，永不磨灭。虽然我们不知道未来数据的形式和内容，但我们相信，与现在自以为巨量的数据相比，未来的数据才是江河大海，取之不尽，用之不竭。

孤立的数据没有价值，数据的价值在于可计算、可量化和可流动。信用曾经是一种道德评价，现在却变为可以进行实时分析和商业利用的数据。当所有的经济活动、日常行为和社会管理，都转变成数据问题的时候，数据就不再只是原材料，而将是最有价值的商品和生产要素了。

在数字经济时代，数据恒久远，价值久流传。这里的"价值"，泛指人或物表现出来的正面作用和积极意义，而非特指经济学中商品的性质。具体来说，本节认为数据在数字经济中的价值和作用，主要体现在以下几个方面。

（一）数据是数字经济的基础与核心

基础和核心是两个容易混淆的概念，但两者的指向意义不同。比如，可以说支付是商业银行的基础性业务，但不能说支付是商业银行的核心业务。实际上，十年前左右，商业银行是将支付等业务外包出去的，这也是我国第三方支付行业发展起来的重要原因之一。即便是现在，支付业务的收入也仅占商业银行利润很小的一部分，仍没有成为商业银行的核心业务。

对数字经济来说，数据既是基础，也是核心。

没有数据，数字经济将成为无源之水、无本之木，数据和数字经济须臾不可离也。新基建是数字经济发展的基本条件，起到支撑数据作为生产要素的作用，数据不但是数字经济发展的基础，也是新基建发展的基础。

就核心而言，数据可以赋能各类市场主体，发挥乘数效应，促进信息化的深入渗透，成为商品价值的有机组成部分，形成经济决策的数据驱动，催生新的经济形态和商业模式，激发组织变革和制度创新，数据不仅改变了经济增长结构，而且提升了经济增长质量。

（二）数据是数字经济发展与创新的动力与引擎

数据叠加新基建，极大程度地降低了数据采集、传送、存储、处理和应用的门槛，打破信息获取的时间和空间限制，促进技术创新跨地域、跨系统、跨业务高效融通，提升技术的创新速度和维度，形成发展新动能，推动新兴技术在各行各业的应用，为社会经济增长提供内生动力。

数据是企业和社会的重要战略资源，可以带来科学理论的突破和技术进步，提高劳动生产率。作为引擎，数据驱动型创新正在向科技研发、经济社会等各个领域扩展，成为国家创新发展的关键形式和重要方向。

（三）数据可以提升传统产业的转型与效率

第一产业构成了农业社会的主要经济形态，第二产业构成了工业社会的主要经济形态，第三产业构成了现代社会的主要经济形态。随着经济的发展和进步，大规模物质生产的经济增加值所占比重越来越低，传统生产要素对经济增长的拉动作用在逐渐减弱。从理论和实践来看，所有产业都会从数据的发展中受益，传统产业数字化转型产生的价值远远大于成本。数据不仅为数字经济服务，也可以为传统产业服务，助力传统产业的转型与效率提升。

数据通过融入生产经营各环节，可优化企业决策和运营流程，提升劳动、资本等传统要素的投入产出效率和资源配置效率，实现对传统要素价值的放大和倍增。以数据赋能为主线，对产业链上下游的全要素进行数字化升级、转型和再造，强化传统行业的运营效率以及与市场动态接轨的能力，带动传统产业的升级和生产组织模式的转变，推动传统行业的改造和革新。

数字经济一定是市场经济，它不仅不会替代工业经济和农业经济，而且可以反哺工业经济和农业经济，提升商品品质和产出效率。

（四）数据可以加强社会治理，增进民生福祉

2020年初，突如其来的新冠肺炎疫情给经济发展带来巨大冲击。一方面，数字经济在一定程度上减轻了疫情对经济的影响，展现出我国经济发展的韧性；另一方面，数据在疫情监测、诊断治疗、资源调配等环节发挥的支撑作用，使居民、企业和政府机构都直接感受到数据已经深入我们的日常生活和社会治理中。

事实上，数据也正在推动着国家治理体系和治理能力走向现代化。2015年，李克强总理提出，"把执法权力关进数据铁笼"，其含

义就是发挥数据的作用，让权力使用处处留痕，建立用数据说话、用数据决策、用数据管理和用数据创新的现代管理机制。

近年来，在各级政府的重视、支持和推动下，对数据的即时处理和融合普遍应用在智慧教育、智慧医疗、智慧环保、智慧交通、政务、社区、物流等民生领域，使基本公共服务供给能力显著提升，切实推动了政府决策科学化、社会治理精准化和公共服务高效化，增进了民生福祉，提高了人们的生活质量。

尤其值得一提的是，我国政府高度重视政务数据有效供给和合理开发，并先后出台了一系列指导性文件，取得了初步成效。在数据要素配置市场化的背景下，政务数据的流通、开放和共享，必将起到权威性的示范和引领作用。

数据在生产、生活中发挥作用的方式是隐性的，容易被人忽视。而且，大部分数据的价值尚未实现，仍有待于被深入挖掘。笔者建议，下一步应将着力点放在以下方面。

首先，积极鼓励金融、信息通信等数据密集型行业的发展，发挥其行业引领效应，促进传统产业增质提效升级；其次，增强新基建等自主创新能力和核心技术的自主研发能力，加速推进前沿技术产业化进程；再次，完善相关法律法规，实行包容审慎管理，为数据创新留有纠错空间；最后，加强顶层设计，构建更加完善的要素协同机制和市场化机制，加快将数据资源优势转化为竞争力，发挥数据要素价值，发挥数字经济优势，从根本上推动经济社会各方面制度的进步，促进经济新常态的可持续增长与高质量发展。

也许，对于数据要素的价值来说，我们所能看到的作用与影响才刚刚开始，我们看不到的、意想不到的更多、更大、更强的作用与影响，将会以不同的方式与形态持续地、接连不断地到来，让我们惊叹，引我们思考。

建设和发展数据要素市场
激发社会经济发展新动能

张　倩

2020年3月30日，《中共中央国务院关于构建更加完善的要素市场化配置体制机制的意见》正式印发。首次将数据与土地、劳动力、资本、技术等并列为能够进一步激发全社会创造力和市场活力的社会生产要素，并明确提出关于数据要素市场建设的工作要求，对推动经济发展质量变革、效率变革、动力变革具有重要意义。

一、基本概念

数据（Data）是用于表示客观事物的未经加工的原始素材。数据可以单独存在，如数字、文字、符号、图形及部分基础性物质（如

作者系中国保险资产管理业协会党委委员、副秘书长。

粒子等），通常被称为单体数据。数据也可以是连续的，比如声音、图像、运动状态、社会关系的记录等，通常被称为模拟数据。人们通过测量、收集、报告、分析单体数据和模拟数据认知自己所处的世界。

信息（Information）是关于人、事、物、现象、环境、世界、宇宙等的描述。信息可以是客观存在的，如自然界的周期、公理中的参数等，也可以是人类创造的，如通信信号记录、商品贸易记录、金融交易记录、社会活动记录等。数据和信息具有紧密的联系，数据是信息的载体，信息是数据表达出的对客观存在的抽象反映。准确完整的数据可以体现较为客观或接近现实的信息，而模糊缺损的数据可能会导致形成有误差、有错误甚至伪造的信息。

数字资产（Digital Asset）也称数据资产，是包含全量信息、以数据形式展现和流转的资源和财产。以数据组合形式呈现的订单、合同、物流单据、发票、交易信息、人的生物信息（如指纹、声纹、瞳孔等）和行为信息（如履约、违约、担保等），加上与之对应的各类权利义务，可以组成数字资产。一般情况下，数字资产必须具备三个关键要素：人、技术、内容。

数据、信息和数字资产共同构成数据资源，是数据要素市场的重要组成部分。

二、基本关系

在社会活动和经济活动中，数据、信息和数字资产三者之间具有分层递进关系。

数据和信息之间主要呈现量变递进关系。多个数据可以构成或者合成信息。人们通过测量、收集、积累、关联、传递及分析单体数据和模拟数据形成多样化的信息，逐步扩展对自己所处世界的认知，并据此开展各种经济活动和社会活动。真实、准确、完整的数据可以形成接近客观现实的信息，虚假、模糊、缺损的数据可以形成有误差甚至错误的信息。

信息和数字资产之间主要呈现质变递进关系。根据摩尔定律，机器运算能力显现出指数级增长趋势。与此同时，人类认知在很大程度上仍然是线性增长趋势。当机器基于大量数据进行高速运算并积累到一定规模后，就开始在部分领域形成不同类别的"机器智能"，发掘部分超越人类逻辑思维和逻辑推理的结果，从而将认知扩展至新的领域或者新的深度。

数据、信息和数字资产之间的分层递进关系对社会经济发展具有积极作用。

对数据、信息、数字资产的分类使用，能够产生规模效应，有助于形成多样化业态。以金融行业为例，个人身份数据、企业身份数据和基本业务数据形成大量的存款、贷款、转账、保险承保和理赔、证券登记和交易，以及其他金融交易的相关信息。这些信息在各类金融机构、交易所、金融基础设施运行机构、中央银行、监管机构、行业自律组织等的数据中心汇聚形成数字资产，共同组成存储、监测、分析、运营、管理多样化数字资产的金融行业。账户数据及其对应的收支数据组合形成了征信、收入、个人现金流、借款和还款行为、履约和违约等信息，使征信机构、信用评级机构、信贷机构、数据分析机构、风险管理机构逐步形成各具特色的数字资产，促进小额支付、小微贷款、征信中心、信用修复、不良资产处置等环节相互验证和相互支持，共同形成了普惠金融服务。与此同时，账户数据、定位数据、通信数据在电商、交通工具、农作物生产、商品、服务、实体店铺等场景中产生了各种信息组合，促进了金融服务支持共享经济业态的多样化发展。

对数据、信息、数字资产的开放使用，能够产生节约效应，明显降低社会运行成本。商业活动领域的数据开放和使用，能够逐渐减少市场运行中的信息不对称问题，鼓励各市场参与方基于公开的数据、信息、数字资产开展公平竞争，降低经济运行的成本。自然科学领域的数据开放和使用，将在一定程度上克服科学研究和教育产业的信息不对称问题，鼓励科研机构和教育机构优化资源配置，促进社会各类行业对新技术、新方法的研究和应用，并有利于扩大基础教育和持续教育的普及范围。机械制造领域的数据开放和使用，有利于提升工业设计和程序设计的交互效率，推动基础制造行业、物流管理链条、智能设备发明、车联网、物联网等领域的高效率运行，为人们的经济生活和社会活动提供更多便利。

对数据、信息、数字资产的交叉使用，能够产生蝴蝶效应，促进社会发展模式创新。从社会运行的角度来看，各类政务服务中积累的个人数据、工作单位信息、社会保险信息、失业保险信息、税收申报信息、基本经济指标等在设计初期主要供政府部门使用。当这些数据和信息被分别采集、整理并组成一定规模的数据库后，它们形成了政府部门的数字资产。但是这些数据、信息、数字资产以类似"孤岛"的分布状态互不联通，其作用被局限于提高政务服务效率。当政府部门整合上述数据、信息、数字资产时，它们将呈现出巨大的商业价值和研究价值，在城市规划建造、交通流量疏导、商业模式创新、诚信社会建设等方面起到积极作用。从产业发展的角度来看，生产生活物资相关数据在市场上集中和分散，会组合成企业信息、商业信息、物流信息、交易信息等。这些信息汇集后将构成专业的分工协作体系，在产业供应链的各个环节形成独特的产业数字资产。当产业数字资产和前述金融数字资产进行匹配时，市场运行机制能够迅速实现对有限资源的整合和利用，在订单生产、仓储物流、支付结算、资金融通等环节提升效率和效益，促进产业供应链和供应链相关金融服务的共生发展。

三、数据要素市场建设和发展的关键

促进数据要素市场的建设和发展需要把握好三个关键点。

数据要素市场建设和发展的重要基石在于"信任"，即获得关联性和交互性。

数据、信息、数字资产的递进关系必须以信任机制为基础。信任机制的表现形式多种多样。例如，不同的数据之间必须具有真实性、可比性、相关性、可组合性等特征，才能建立自身的可信度并有效地构成信息；不同信息的持有者之间必须具备相互认同的有形的信任或者无形的信任，才能使其信息能够相互交换和综合使用，进而促使不同的信息合成并质变形成数字资产。数据要素市场的建设需要各市场参与方共同建立信任机制，以便在各类数据、信息和数字资产之间形成统一的或可兼容的技术标准、输入输出流程、加密解密算法，以及可以互联互通的传输和存储介质等。

数据要素市场相关信任机制的建设将逐步促进数据、信息、数字资产的"颗粒度细分"。随着数据资源向规模扩展和分类细化两个方向同步发展，人们不能够再继续使用一种模式、一种格式、一种法律关系、一种算法等去定义一个人、一群人、一件事、一类资产、一个市场及其变化趋势。数据、信息、数字资产的每一次"颗粒度细分"都能够使人们对三者之间的关联性和交互性产生新的认知，使度量这种关联性和交互性相关的权利、义务、规模效应、经济效

益成为可能，并增进或者减弱数据、信息、数字资产之间的互相信任程度，推动人对事物和事件的认知不断趋近客观存在。

数据要素市场建设和发展的合法基础在于"同意"，即获得法律认可的授权。

我国一直高度重视数据要素管理。早在1983年3月1日实施的《中华人民共和国商标法》就已规定"商标注册申请等有关文件，可以以书面方式或者数据电文方式提出"，明确了数据电文申请材料和书面申请材料具有同等法律效力。1984年1月1日实施的《中华人民共和国统计法》进一步对数据来源错误、数据计算错误、编造虚假数据等行为作出禁止性规定。1996年10月1日实施的《中华人民共和国促进科技成果转化法》首次明确界定了科研领域的"数据"和相关合法权益的对应关系。

截至2020年6月底，全国人大常委会网站公布的274部现行有效法律中，有32部法律对不同领域的"数据"作出规定，有81部法律对政府、企业、个人和社会组织相关"信息"的汇集、保护、使用、共享、公开、违法行为处罚等方面予以规范，涉及的行业范围非常广泛，对政府、法人、自然人、社会组织可能收集并使用的很多信息作出了规定，并明确了这些信息对应的管理原则、权利义务等。与之配套，截至2020年6月底，中国政府网公布的国务院政策和行政法规中，共有包含数据采集和保护规定的文件70份，包含涉及信息保护、信息公开、信息共享和信息使用管理要求的文件428份，另有4份文件对部分数据资源作出了原则性规定。

值得关注的是，2005年4月1日开始实施的《中华人民共和国电子签名法》、2014年3月15日开始实施的《中华人民共和国消费者权益保护法》、2017年6月1日开始实施的《中华人民共和国网络安全法》和将在2021年1月1日开始实施的《中华人民共和国民法典》明确规定了当事人"同意"在绝大多数信息（尤其是个人信息）处理之前的必要性，即信息处理（尤其是个人信息处理）必须事前获得相关签名人、消费者、个人、监护人、用户的"同意"或"认可"。具体如下：

《中华人民共和国电子签名法》第二条规定，本法所称电子签名，是指数据电文中以电子形式所含、所附用于识别签名人身份并表明签名人认可其中内容的数据。第三条规定，民事活动中的合同或者其他文件、单证等文书，当事人可以约定使用或者不使用电子签名、数据电文。当事人约定使用电子签名、数据电文的文书，不得仅因为其采用电子签名、数据电文的形式而否定其法律效力。

《中华人民共和国消费者权益保护法》第二十九条规定，经营者收集、使用消费者个人信息，应当遵循合法、正当、必要的原则，明示收集、使用信息的目的、方式和范围，并经消费者同意。经营者收集、使用消费者个人信息，应当公开其收集、使用规则，不得违反法律、法规的规定和双方的约定收集、使用信息。

《中华人民共和国网络安全法》第二十二条第三款规定，网络产品、服务具有收集用户信息功能的，其提供者应当向用户明示并取得同意；涉及用户个人信息的，还应当遵守本法和有关法律、行政法规关于个人信息保护的规定。

《中华人民共和国民法典》第一千零三十三条规定，除法律另有规定或者权利人明确同意外，任何组织或者个人不得实施下列行为：……（五）处理他人的私密信息；（六）以其他方式侵害他人的隐私权。第一千零三十四条规定，自然人的个人信息受法律保护。个人信息是以电子或者其他方式记录的能够单独或者与其他信息结合识别特定自然人的各种信息，包括自然人的姓名、出生日期、身份证件号码、生物识别信息、住址、电话号码、电子邮箱、健康信息、行踪信息等。个人信息中的私密信息，适用有关隐私权的规定；没有规定的，适用有关个人信息保护的规定。第一千零三十五条规定，处理个人信息的，应当遵循合法、正当、必要原则，不得过度处理，并符合下列条件：（一）征得该自然人或者其监护人同意，但是法律、行政法规另有规定的除外；（二）公开处理信息的规则；（三）明示处理信息的目的、方式和范围；（四）不违反法律、行政法规的规定和双方的约定。个人信息的处理包括个人信息的收集、存储、使用、加工、传输、提供、公开等。

2020年7月2日，经第十三届全国人大常委会第二十次会议审议的《中华人民共和国数据安全法（草案）》在全国人大常委会网站开始公开征求意见。该草案拟对数据安全和发展、数据安全制度、数据安全和保护义务、政务数据安全与开放、相关法律责任等方面进一步予以规范。

数据要素市场建设和发展的动能来源在于"流转",即获得数据资源流动性。

2017年6月1日开始实施的《中华人民共和国网络安全法》第十八条规定,国家鼓励开发网络数据安全保护和利用技术,促进公共数据资源开放,推动技术创新和经济社会发展。2020年3月30日公布的《中共中央国务院关于构建更加完善的要素市场化配置体制机制的意见》第六条第(二十)项提出,推进政府数据开放共享。优化经济治理基础数据库,加快推动各地区各部门间数据共享交换,制定出台新一批数据共享责任清单。研究建立促进企业登记、交通运输、气象等公共数据开放和数据资源有效流动的制度规范。

数据要素作为一种社会资源,经历采集、汇聚、存储、交换、分析、使用、销毁等过程,通常被称为"数据要素流转"。数据要素流转并不是独立运行的市场现象,数据要素流转在一定程度上反映了其他市场要素的流动状况。数据的流转主要反映了市场相关的人流和物流状况,即客户、员工、交易对手方、商品和服务等的流动状况;信息的流转主要反映了供求关系等相关的流动状况;数字资产的流转直接反映了资金和实物资产的流动状况,这些数据资源运行的动态过程蕴含着推动数据要素、市场、公共资源发展的巨大动能。

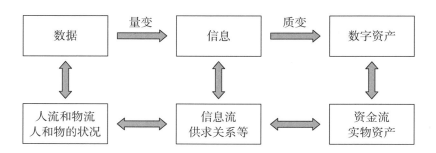

数据要素流转具有明确的方向性。如上图所示，数据和信息的流动方向是相同的，一般情况下，数据怎样流动，信息就随之传递，这种关系在一定程度上反映了人们推理的基本逻辑；与此同时，资金和信息的流动方向是相反的，当数据和信息从 A 有效传递到 B 时，B 向 A 付款，当数据和信息从 A 到 B 到 C 到 D 依次传递时，每一个环节都要向前面的环节付款（或逆向分配收入）。数据要素流转的方向性，在日常社会经济活动中十分常见。例如，通信信息交换中心、清算结算中心、交易中心、交易所等需要传输数据、信息、数字资产的市场参与方都采用了较为类似的分层资金分配模式或者利润分配模式。例如，在部分社会活动中，当客户向交易对手方购买产品或服务的时候，会出现部分款项可由购买合同之外的第三方（甚至多方）支付的情形。实际上，在经济金融活动中，很多支付款项不仅与金钱、货物的交换行为一一对应，而且和数据、信息的流动方向和流动经过的节点具有对应关系。

与此同时，数据要素和市场其他要素之间具有明显的双向促进关系，即数据和人流、信息和信息流、数字资产和资金流、数字资产和实物资产之间能够互相促进优化和升级的过程。数据、信息、数字资产的量变和质变将对人（物）流、信息流、资金流产生影响，促进人（物）的状况、供求关系、资金和实物资产逐步得到优化。优化过程又将产生更丰富更精准的数据、信息和数字资产，促进数据、信息、数字资产相关的技术、标准、运行模式、运行规模、运行效率、存储介质、流转渠道等逐渐优化和升级。这些双向促进关系推动各要素螺旋式上升发展，最终将推动整个市场以及相关社会经济活动的发展和创新。

四、数据要素市场建设和发展需关注的部分事项

一是需要厘清各类数据、信息、数字资产之间的关系。数据、信息、数字资产等数据资源是社会经济活动（动态系统）的重要组成部分，其相互关系并不能以方程式或者简单模型进行描述和记录。在能够市场化运行的数据中，有效数据、无效数据、伪造数据常常混合在一起，形成市场上真实信息和噪声信息混杂的状况，很多看似具有相关性的数据、信息、数字资产之间未必真的有因果等逻辑推理关系。因此在社会经济活动中，人们不能简单地依赖甚至迷信数据、信息、数字资产等，而应当通过交叉验证、反复试错、综合预测和个体预测相结合等方式挖掘不同类别的数据、信息、数字资产之间的关系，过滤噪声信息，去除伪造信息等，逐步形成对市场

运行等社会经济活动的客观理性的认知。

二是需要重视机器智能和人类推理判断的有机结合。历史经验显示，仅仅基于数据、信息、数字资产等进行分析会出现偏差，并导致基于历史数据和已有信息预测未来发展趋势时出现数据和信息缺损问题。克服偏差和缺损问题的基本方法之一，是将这些数据资源和人的推理判断有机结合。机器之所以能够在部分领域获得机器智能，甚至在影像探测、机械模具、比对筛选、围棋象棋等细分领域超越大多数人类，是因为机器依靠大数据和智能算法获得规模效应，从而形成机器智能。与此同时，人类之所以能够在医学诊疗、工业设计、建筑设计、程序设计、艺术创作等方面优于机器，在一定程度上是因为人类依靠逻辑推理、多维度关联、渐进式优化和跳跃式创造获得人的智能。两者有机结合，不仅能够形成数据要素，而且能够产生得到和使用数据要素的能力。很多情况下，当无法直接获得准确信息的时候，人们可以将相互关联的数据和信息适度量化，通过机器的数据模型和人类的推理判断，间接地得到所需要的信息。有很多人担心数据、信息和数字资产能够使机器在未来控制人类。实际上，机器的核心仍然是计算机科学家（人类）为其编写的程序。

三是需要高度关注数据资源相关损害具有的不可逆转性。由于数据资源以电子方式收集、存储和流转，数据、信息、数字资产在一定条件下是可复制、可编辑、可传递，甚至可篡改和可伪造的。数据、信息、数字资产一旦被泄露、非法获取或者非法复制，将会以极快速度传播出去，渗透到社会经济生活的方方面面，甚至引发社会公德、商业道德和伦理方面的问题。数据、信息、数字资产一旦被篡改、破坏或者非法利用，将极有可能会对国家安全、公共利益、公民和组织的合法权益造成危害。出现上述数据资源受到损害的情形时，相关数据、信息、数字资产的名义所有权和名义使用权看似没有发生改变，但是实际所有权和实际使用权已经被转移到不具备合法权益的人员、企业和组织中，将对这些数据资源的真正持有人和合法使用人的权益造成不同程度的危害。即使国家司法机构、执法机构和政府部门等对损害他人数据资源的人员和机构能够依法采取问责、惩戒、责令整改、恢复真实数据资源、承担经济责任（罚款和赔偿）、及时向社会或公众发布相关警示和更正信息、实施管制、追究民事责任和刑事责任等措施，相关数据、信息、数字资产的合法所有人和合法持有人的合法权益也不可能完全回复到完整状态。因此，国家根据数据在社会和经济发展中的重要程度，对数据、信息、数字资产等数据资源实行分级分类保护至关重要。

五、建设发展数据要素市场为社会发展形成新动能

科学技术的发展，促进了数据采集、流转、交易的标准化。信

息存储和使用的个性化，数字资产价值波动的多样化，促进了数据要素市场的建设和发展，使"科技是生产力要素"这一基本原理在实践应用中迸发出巨大的经济效益和社会效益。现阶段数据要素市场的建设为社会发展带来了新的机遇和挑战。

（一）加强市场基础设施建设

数据资源的市场化需要平衡和兼顾安全性、便利性、可行性、高效性之间的关系，需要基于共享接口、公共数据、可操作的电子协议等基础设施才能进行互信、验证、公开、流转、交易、清算、结算等操作。以金融行业为例，以往金融基础设施主要包括各类数据库、数据中心、核查验证中心、交易所、交易中心等，随着近年来技术的不断发展，目前金融基础设施除上述多维数据归集处理设施之外，其范围正在向部分公开资源提供机构、应用程序接口研发和提供机构、机器学习和预测模型研发和提供机构、行业生态环境维护机构、智能合约管理机构、安全认证机构、分布式云架构和云服务的提供机构、互联网技术和移动通信技术供应机构、标准制定机构等扩展。

（二）推进政府数据开放共享

近年来中国政府逐步推动政务信息系统互联和公共数据共享，

增强政府公信力，提高行政效率，提升服务水平，充分发挥政务信息资源在深化改革、转变职能、创新管理中的重要作用。2016年9月5日，《国务院关于印发政务信息资源共享管理暂行办法的通知》（国发〔2016〕51号）正式实施，促进政府部门之间开展政务信息资源共享，推动了政务部门之间免费共享在履行职责过程中制作或获取的、以一定形式记录、保存的文件、资料、图表和数据等各类信息资源，包括政务部门直接或通过第三方依法采集的、依法授权管理的和因履行职责需要依托政务信息系统形成的信息资源等。2020年3月30日，《中共中央国务院关于构建更加完善的要素市场化配置体制机制的意见》第六条第（二十）项工作要求明确提出："推进政府数据开放共享。优化经济治理基础数据库，加快推动各地区各部门间数据共享交换，制定出台新一批数据共享责任清单。研究建立促进企业登记、交通运输、气象等公共数据开放和数据资源有效流动的制度规范。"上述工作要求不仅进一步推动各地区各政府部门之间的信息依法共享，而且对政府部门掌握的公共数据开放和相关数据资源流动提出了更高要求。

（三）促进数据资源标准化发展

通常情况下，数据资源的权限反映了对应资产和资金相关的合法权益。数据每经过（流转过）一个节点（人、机构、组织、电子

转接设备、基础设施等）就会构成法律意义上的电子合同（smart contract），形成收集数据的权责、传递数据的权责、自行分析和委托分析的权责、风险监测和管理的权责、保护数据安全的权责等。明确地界定和记录数据资源相关权限，就是明确地界定和记录相关合法权益，其核心是要将社会经济关系转变成数据要素之间具有可比性的关系。当人们获得大量具有代表性的数据后，需要基于这些数据梳理和挖掘其承载的抽象信息及其特征，才能逐步摸索出能够描述抽象关系的数据模型，进而以数据资源推动机器智能向人工智能发展。通过这种数据驱动和超级计算的方法，进行大量的数据要素特征提取和统筹编码，就能促使数据、信息和数字资产从量变进入质变。因此要实现我国提出的提升社会数据资源价值，培育数字经济新产业、新业态和新模式，支持构建农业、工业、交通、教育、安防、城市管理、公共资源交易等领域规范化数据开发利用的场景等目标，都离不开推动机器智能、人工智能、可穿戴设备、车联网、物联网等领域技术的研究发展和相关数据资源的标准化。

（四）推动数字经济的全面发展

2020年4月2日，习近平总书记在浙江考察时强调，要抓住产业数字化、数字产业化赋予的机遇，抓紧布局数字经济。近年来，我国政府高度重视，相继出台了一系列推动数字经济发展的政策和文件，推动"互联网+"、大数据、电子商务、智慧城市、创新发展战略等多个方面的发展，构建既有顶层设计又有具体措施的政策支持体系，以形成我国数字经济发展的强大合力，促进经济转型升级和高质量发展。数据要素市场的建设，是我国数字经济发展的重要环节。与此同时，全球已有相当数量的国家和地区也在致力于发展数字经济，出台鼓励数字技术研发和数字产业升级的政策。部分国家还凭借其在数字技术、人员结构和创意内容方面具备的先发优势和后发优势，引领全球数字产业相关移动互联网技术、产品和服务的快速发展，并使数字贸易、电子仓单、物流智能化管理等在各国境内社会经济活动和跨境经贸活动中起到日益显著的作用。

六、建设发展数据要素市场为机制建设形成新动能

（一）探索经济发展的"多网叠加"机制，强化协同发展

数据要素市场和传统商品（服务）市场的区别之一，在于数据要素市场本身具有"以点带面"的"互联网+"特征，没有互联网，数据要素就无法运转。这种以有限个数的数据中心或有限个数的分布式架构，对生产、消费、服务等产生的带动作用，小到城市，大到国家，已经得到了很多实例的验证。数据要素市场和现有的互联

网企业、商务企业、电信企业、征信企业、物流企业等的互联网服务模式在一定程度上相互吻合，为各类企业的资金实力、业务数据和服务网络相互叠加使用带来了广阔的发展空间。

（二）深耕细分产业的"场景服务"机制，深化个性发展

"场景服务"是最近几年很多行业新的发展方向，但是，数据要素市场建设在"场景服务"方面仍处于探索阶段。资金实力、业务数据、技术应用和服务网络的结合，促进了各行业的数据、信息、数字资产和资金流动的同步，整合形成不同的智能服务方案，使实际的和虚拟的"场景服务"与相关交易的地理位置、交易时间、成交内容等信息形成关联，千人千面，贴近需求，尽可能地连接资金沉淀和生产消费，带动数据要素市场联结的各类产业发展。现在，社会经济生活的发展，对数据要素市场提出了更为丰富、更为复杂的"场景服务"需求和风险管理需求，也为数据要素市场的建设和发展形成了良好的机遇。

（三）逐渐强化服务的"分层供给"机制，促进生态发展

以金融服务为例，从市场结构来看，银行传统服务、信用卡业务、消费金融、小额贷款、互联网贷款、民间借贷等共同形成服务

分层、业务互补、风险分散的市场结构，为数据要素流转形成了良好的市场环境。从业务实践来看，上述业务的规模从大到小，产品特征从标准化到个性化，服务的客户群体从综合化到逐级细分，呈现明显的互补特征，其数据量级足以支持数据驱动和超级计算的广泛应用。从发展机会来看，这些业务的参与者之间既竞争又合作的关系，与数据要素市场的服务需求和风控需求紧密契合，能够促进各参与方充分发掘市场机会，扩展覆盖的客户类型，增加金融服务渗透的广度和深度，相互填补服务空白领域，基于生产和消费行为、服务体验和资金安全等方面的新需求，有效对接生产生活、居民消费、小微企业和"三农"的分层次服务需求，加强普惠金融服务，形成数据要素市场稳健发展的基本生态环境。

（四）逐步形成数据的"分类保护"机制，建设诚信社会

一是数据要素市场的建设完善将直接推动信任机制发展。信任机制建设涵盖了政府部门公信力、企业信用和信誉、个人信用、特殊的从事信任机制建设的机构（如信评机构、公证机构、担保机构、律师事务所和会计师事务所等）的发展。数据要素市场建设不仅会促使已有产品和服务的呈现形式逐步数字化，还会促进数字资产流转相关的信息加载方式、安全加密技术、交易确认流程等逐渐升级，形成相关信任机制。二是数据要素市场的效率提升将促进市场定价

机制发展。资产是有价格的。数据、信息、数字资产的价格,除底层资产的市场价格形成机制以外,相关数据和信息的透明度、保护程度、维护难度、技术成本、基础设施成本等也和市场定价密切相关。相关数据要素和数据资源的流转效率提升,将进一步提升市场资源的公平交易,促进提质增效、降低成本和技术创新。三是数据要素市场的建设发展将推动数据公平公开机制升级。如前所述,我国在数据和信息的公开和共享、透明化和标准化方面已经出台了部分政策文件,以发挥政务信息资源在深化改革、转变职能、创新管理中的重要作用。但是从社会经济发展角度来看,建设一个政府依法信息公开、公民依法参与、多方合作的数据公平公开体系仍然任重道远,必须进一步提升数据资源价值,培育数字经济新产业、新业态和新模式,基于数据公平公开机制支持构建农业、工业、交通、教育、安防、城市管理、公共资源交易等领域规范化数据开发利用的场景。四是数据要素市场必须和数据保护机制同步发展。在数据要素市场发展过程中,值得高度关注的是,各类数据要素虽然被称为"资产"或"资源",其实质是由三个重要部分组成:人、技术和内容。我们已经看到,很多产品和服务被数字化并开始带动资金流后,人们将其称为"资产"或"资源",很容易忘记其最重要的核心仍然是"人",很多突破道德底线或者伦理底线的行为都来自这样的一种忽略。因此,数据要素市场必须和数据保护机制同步发展。正如《中共中央国务院关于构建更加完善的要素市场化配置体制机制的意见》第六条第（二十二）项提出的工作目标是"加强数据资源整合和安全保护。探索建立统一规范的数据管理制度，提高数据质量和规范性，丰富数据产品。研究根据数据性质完善产权性质。制定数据隐私保护制度和安全审查制度。推动完善适用于大数据环境下的数据分类分级安全保护制度，加强对政务数据、企业商业秘密和个人数据的保护"。

今天，科技进步在人类进步中发挥着活跃的作用，数据要素正在成为下一次技术革命和社会变革的核心动力之一。数据要素市场的建设和发展，对当今社会活动和经济活动带来的机遇和挑战，是全方位的。作为自然人、法人和社会组织，我们都应当面对现实，抓住数据市场、机器智能、人工智能等的发展机遇，而不是回避它、否定它或者阻止它。数据要素正在从道德、文化、经济、产业、制度等方方面面重新构建各个国家和地区的发展模式，未来属于那些脚踏实地、勇于创新地推动社会现代化发展的人们。

释放数据生产力

沈建光　　朱太辉　　张彧通

一、数字化是经济转型升级的重要方向

（一）从发展历史看，经济数字化是发展的必然趋势

数字科技带来数字经济发展。从历史方面来看，经济的跨越式发展伴随着产业革命，产业革命的实质是技术革命。产业革命最早开始于狩猎时代。从狩猎到农业时代，就是从打猎技术向耕种技术的跳跃式革命。200多年前，依靠蒸汽机的发明，代替了牛、马的动力，英国的工业革命开启工业化之路。在此之后，电力的出现带动了电气化革命。再之后是计算机革命，不断地大幅提高人类的生产能力。而现在，我们迎来了最新的技术革命——数字科技的进化。人类社

沈建光系京东集团副总裁、京东数科首席经济学家，朱太辉系京东数科研究院研究总监，张彧通系京东数科研究院高级研究员。

会与物理世界之外，多了一个维度——信息空间。

数字科技的本质是，以产业既有知识储备和数据为基础，以不断发展的前沿科技为动力，着力于"产业×科技"的无界融合，推动产业互联网化、数字化和智能化，最终实现降低产业成本、提高用户体验、增加产业收入和升级产业模式。产业互联网化意味着未来产业的发展从单边走向共建，传统产业与数字科技依靠各自的资源禀赋和比较优势，同生共荣；产业数字化意味着产业数据的在线化、标准化、结构化，从而实现生产要素和运营流程的改造；产业智能化意味着产业资源的合理布局、产业流程的精细管理以及产业发展的精准预测等相互之间实时反馈。

经济活动推动数据指数级积累，个人终端的普及和入网人群的增长，使个体数据得以伴随生活消费方式的变化在互联网上积累、留存；企业竞争的加剧和精细化管理的需求，使企业数据在经营管理策略转向的过程中出现更多与数据有关的新业态；物联网、5G技术的广泛使用，使个人数据、企业数据之外的设备、终端和社会数据广泛爆发；政府数字化、信息开放等发展倾向，使政府数据推动全社会对数据生产、存储和消费的需求得以提升。

（二）从政策趋势看，新基建部署加速数字经济发展

"新基建"被决策层频频提及，其内容在2018年中央经济工作会

议后便已明确，涉及的"5G基建、特高压、城际高速铁路和城际轨道交通、新能源汽车充电桩、大数据中心、人工智能、工业互联网"七大领域近两年已逐步落地。2020年4月，国家发改委在发布会上明确了三类新基建的概念与范围。与传统基建相比，三类新基建呈现了明显的数字化特征。除了公认的数字科技领域，传统交通、建筑、通信、医疗、教育、娱乐等领域的基础设施也在数字科技的赋能之下呈现网络化、数据化、智能化的特征。基建的数字化有多方面的优势，主要体现在：第一，物理空间限制较小，可以跨区域跨时段高效配置，对抗突发事件的弹性和韧性更强。第二，产业纵深更大，能提供的产品与服务的附加值更高。第三，数据要素发挥作用的效果更彻底，数字化的基础设施和传统基建的数字化可以撬动的传统经济体量更大。

新型基础设施是以新发展理念为引领，以技术创新为驱动，以信息网络为基础，面向高质量发展需要，提供数字转型、智能升级、融合创新等服务的基础设施体系，包含了信息基础设施、融合基础设施以及创新基础设施，用以支撑科学研究、技术开发、产品研制等具有公益属性的活动。比如，重大科技基础设施、科教基础设施、产业技术创新基础设施等。从国家发改委的定义来看，科技创新驱动、数字化、信息网络这三个要素是新基建的"最大公约数"。

5G、人工智能、大数据、物联网等既是新兴产业，也是基础设施。依托新基建迅速发展的良好势头，数字技术得以广泛应用，这不但有助于推动产业升级，扩大有效需求，保障民生托底，而且是稳增长工作的重要抓手，为政府和企业提供了科学决策依据和精准施策手段。同时，新基建将提升数字经济服务实体产业和智慧生活的水平，新基建构建了数字经济的基础设施平台，其影响力已渗透到社会经济的方方面面，在助力国家治理体系和治理能力现代化过程中起到更加不可或缺的积极作用。

（三）从增长动力看，数字经济是未来经济发展的新动力

经过多年的发展与追赶，中国已经成为全球经济的领先者之一，尤其是在消费等领域。中国在很多领域的数字化程度已经追上发达经济体，甚至在移动支付等领域实现了弯道超车，这背后是中国坚实的数字经济基础。

第一，数量众多的网民人口。2019年《中国互联网发展报告》显示，截至2018年底，我国网民数量达到8.29亿，全年新增网民5663万，互联网普及率达59.6%，较2017年底提升3.8个百分点，超过全球平均水平（57%）2.6个百分点。网民中使用手机上网的比例由2017年底的97.5%提升至2018年底的98.6%。第二，充满长尾特色的商业基础。不论是日活过亿的各类电商、社交服务，还是人口集聚的大型城市所需要的本地生活服务、物流、出行，都体现出普惠、便利的"长尾特色"。第三，海量可供挖掘的各类数据。伴随着数字科技发展的是各行各业海量数据的产生和沉淀。中国拥有规模最大的单一市场和

数字科技用户、最丰富的行业形态和供应链，由此生产的量级巨大的数据沉淀在数字经济的各类"富矿"中，可供挖掘。IDC预测，中国的"数据圈"从2018年至2025年将以30%的年平均增长速度领先全球，比全球高出3个百分点。到2025年，这一数字将增至48.6ZB。而美国预计将达到30.6ZB。第四，最具包容性、非能动性的监管政策。行业的快速发展离不开政策的支持。中国拥有全世界最具包容性的行业监管政策、最宽松的数据治理规则，给予市场充分的发展空间。

近年来，各项鼓励数字经济发展的政策也在不断出台。仅2020年上半年，国家相关部门针对数字科技发展，密集推出了《关于推进"上云用数赋智"行动培育新经济发展实施方案》《关于推动5G加快发展的通知》《关于推动工业互联网加快发展的通知》《中小企业数字化赋能专项行动方案》《智能汽车创新发展战略》等新政策。2020年4月，国家发改委还在发布会上首次明确了新型基础设施的范围。5月13日，国家发改委联合16个有关部门、国家数字经济创新发展试验区、媒体单位，以及互联网平台、行业龙头企业、金融机构、科研院所、行业协会等145家单位，通过线上方式共同启动"数字化转型伙伴行动（2020）"，发布《数字化转型伙伴行动倡议》，首批推出500余项面向中小微企业的服务举措，构建"携手创新、共抗疫情、转型共赢"的数字化生态共同体。

在政策不断推进数字科技发展过程中，产业界也在不断积极重金布局数字科技、新基建等领域，互联网公司和传统龙头企业都在各自领域探索数字化发展前沿。5G 及其相关技术、区块链、人工智能等通用数字科技不断创新，通过数据要素作用于各行各业，不断提高生产力。数字科技、数据等数字化、高科技红利正在替代人口红利、市场红利，成为下一阶段经济发展的重要引擎和助力。

新冠肺炎疫情的暴发加速了新技术的运用，突出体现在强化社会公共安全保障、完善医疗救治体系、健全物资保障体系、助力社会生产有序恢复等各方面。其中，大数据分析、支撑并服务疫情态势研判、疫情防控部署以及对流动人员的疫情监测、精准施策；5G 应用加快落地，5G+红外测温、5G+送货机器人、5G+清洁机器人等已活跃在疫情防控的各个场景；人工智能技术帮助医疗机构提高诊疗水平和效果，降低病毒传播风险。数字经济缓解了疫情的冲击，而这些数字经济应用场景的背后，是 5G、大数据、人工智能、云计算等"新基建"、新技术。

二、数据是数字经济发展的核心

（一）数字经济的运作机制

1.数据是数字经济的基础要素

党的十九届四中全会通过的《决定》提出，数据与劳动、资本、土地、知识、技术等一样，都是重要的生产要素，对生产关系的迭代升级有着重要的推动作用，也为数字经济的发展奠定了基础。

数据资源成为生产要素并不是生产要素在种类或者数量上的增加，更加体现的是数据要素与土地、资本、人力等要素的互动，例如数据收集、分析、存储的全生命周期都离不开个人或者机构的劳动。而数据要素的流转、交易、确权又受到商业、技术等基础设施的影响，同时还受到主体数字化意识、知识和能力的制约。

未来社会无论是在生产上还是在生活上都会更加数字化。数据将会大规模地应用于生产、分配、交换、消费各环节以及制造与服务等各场景，例如助贷业务就是数据作为生产要素在金融领域大范围使用和金融服务数字化转型的产物和体现。

2.技术是数字经济的运行保障

数字科技由两部分组成：核心科技+应用科技。热点核心层数字科技包括人工智能、大数据、物联网、云计算、5G等数字化、网络化、智能化技术。一方面，以融合发展为特征的集成化创新渐成主流。在众多单项技术持续取得突破的同时，信息技术创新的集成化特征更趋突出，跨领域创新密集涌现。另一方面，以学科交叉为特征的跨领域创新日益凸显。数字科技与制造、材料、能源、生物等技术的交叉渗透日益深化，形成智能制造、4D打印、能源互联网、生物识别等复合型科技。

　　而应用科技集成人工智能、物联网、大数据、区块链等核心技术，根据不同应用场景需求，形成行业应用"工具箱"，孕育新产品、新业态，探索新模式、新路径。应用科技正加速向模块化发展，解决行业共性问题，并基于行业洞察形成解决方案。这种数字科技与行业的融合深化，拓展了应用科技的赋能场景，技术在各行业间的可复制性大大增强，通用化程度不断上升。数字科技的发展、集成与通用的趋势，使数字技术成为数字经济强大的生产工具。

3.平台是数字经济的组织形式

　　科技平台通过改变企业的设计、生产、管理和服务方式，推动数据、劳动、技术、资本、市场等全要素的全面互联和资源配置优化，促进供应链、创新链、服务链、物流链、金融链等全产业链上下游的高度协同，生产、流通和消费一体化更加广泛，新的经济模式不断涌现。基于平台，数据资产持续积累，技术架构平滑演进，业务经验不断沉淀，发展模式逐步优化，支撑企业数字化转型步伐加快。

　　而平台尤其是开放平台是数字经济环境下促进交易、建立网络以及信息交换的重要载体，从而实现"人、货、场"的改造。首先，开放平台作为B2B2C网络的基础设施，改造的是网络中的"人"。以其承接的第三方服务商、B端客户、C端用户的需求为导向提供服务；同时这些合作伙伴相互之间也促进迭代，B2B2C网络产业链的参与者相互嵌套，互为供给、需求方。其次，改变的是"货"的属性，即开放平台为"货物"提供了基础且丰富的数字化"生产工具"（产品和技术组件），供 B2B2C 网络中各方使用，可以针对客户需求提供更加标准化、组件化、多元化的产品和服务。此外，"场"成为开放平台的全新定位：开放平台是枢纽，满足客户需求的同时也在与其共建生态；开放平台使线上线下的界限不再明显，O2O 的场景模式被颠覆。

（二）数据的作用模式

1. 从无到有：数据创造新的商业模式

数据作为重要的生产要素，深刻地影响甚至改变着现有商业模式：数据可以优化传统要素资源的配置效率，甚至可以替代传统要素资源的投入关系，改变生产函数。例如，在金融业过往实践中，很多金融机构受困于自身服务渠道的有限性，优质的信贷资源难以精准投向产业升级、消费升级的重点领域，也无法高效低成本地开展普惠金融业务。既不利于在更广阔的市场空间内延伸服务、拓展客源，也不利于把控资金流向和资产质量，最终影响反哺实体产业和居民生活的有效性。

这种情况下，数据化可以实现金融业务供应链流程与金融服务之间的供需匹配，既可以将相对封闭、低频的金融产品和服务通过技术手段"无缝嫁接"到更加开放、高频的生产生活场景，又可以将拥有一定门槛和准入条件的金融产品惠及更多的消费者和需求者群体。

2.从有到优：数据提高供需的适配度

数据天然具有精益化的发展倾向。数据无法单独形成生产力，并进而改造行业。在人工智能运用中有一个经典的公式：人工智能＝数据＋算法＋算力。数据创造价值的路径就变得尤为清晰——数据算法与算力决定的数据使用方式解决了复杂系统的不确定性，从而推动行业供需更好适配，提升行业发展的精细化水平。

数据提升行业发展精细化水平的过程，也是数据被不断精细挖掘的过程。IT时代是数据的一维时代，指的是"经济活动的记录"。限于收集存储、分析计算的技术瓶颈，大量的数据无法电子化或者仅仅以结构化的形式存储在电子数据库中，并没有基于不同场景、行业的数据进行商业创新，对于数据价值的认识也不够深刻。互联网时代是数据的二维时代，指的是数据从"经济活动的记录"到更加"商业工具化"，商业活动普遍开始利用数据进行经济分析和预测。在这个阶段，原始数据开始在线上积累，线下数据开始向线上迁移，基于数据本身的商业创新开始出现，一大批的数据分析公司开始涌现。数据价值被首次挖掘，金融科技、电商平台、社交网络等行业纷纷通过技术手段最大化手中数据的价值。

物联网时代是数据的三维时代。数据在"经济活动的记录"和"商业工具化"的基础上,不断"资产化"。数据成为经济本身,人工智能、大数据技术、5G技术使数据的收集、存储、分析、共享变得丰富,数据开始改变传统的业务逻辑,"大数定律"替代了传统思路,以数据为生产要素进行的商业创新更多,同时也更加规范。在这个阶段,"万物互联"就是"数据互联",所有的生产活动都可以"数据化",所有的价值都可以用数据来表征。数字化正在以不同的方式改造价值链,并为增值和更广泛的结构变革开辟新的渠道。

3.从1到N:数据强化行业协同发展

通过整合各类终端的数据、消费者和生产者的供需数据等,原有的产业链被迅速缩短,生产制造、生活服务等行业的协同、个性和柔性化水平显著增强。不同行业之间的传统知识壁垒和经验壁垒被不断地攻破。

在数据积累的过程中,数字化的基础设施应运而生,提供行业数字化发展所需要的组件化技术设施,如支付、结算等;同时与行业客户一同构建行业数字化解决方案。数据成为业务和服务拓展的"牛鼻子"——通过数据量的积累、数据分析能力的提升、数字化业务能力的复用,不断拓展服务的客户类型和数量,实现不同业务的联动拓展和服务行业的外迁扩大,释放"飞轮效应"。

三、数据赋能面临的制约因素

（一）数据保护的法规制度不健全

近年来，《全国人民代表大会常务委员会关于加强网络信息保护的决定》《民法典》《网络安全法》等共同构成了数据保护的基本法律规范。2020年，《数据安全法》《个人信息保护法》等多部与数据安全、隐私保护相关的基础立法即将紧锣密鼓地出台。

和其他领域的政策规范有所不同，由于目前作为上位法的数据规范体系仍然不健全，各类数据安全与合理使用的技术标准成为行业事实上的行动准则。例如，2020年修订的国家推荐性标准《信息安全技术　个人信息安全规范》（以下简称《规范》）成为我国个人信息使用实践的标准，该《规范》确定了个人信息安全的基本原则，主要包括：权责一致、目的明确、选择同意、最小必要、公开透明、确保安全、主体参与。但是这些标准文本对于行业实践的概括有时缺乏严密的逻辑，在适用时缺乏明确的效力。例如同样是针对个人金融信息的规范性文件，《个人金融信息保护技术规范》《金融消费者权益保护实施办法》和《个人金融信息（数据）保护试行办法》与《个人信用信息基础数据库管理暂行办法》中有关个人信用信息的范围就存在出入。

（二）政府数据对外开放程度不够

实践中，我国政府数据的使用效能很低，政府部门的数据开放和共享缺乏一定指引，怎么开放，在哪开放，开放标准、流程是什么样的，目前还不明确。现在政府各部门数据类型数目较多，包括结构化数据、半结构化数据和非结构化数据等，而且文字性的非格式化数据也很多，一定程度上更加剧数据统一的难度。而在技术方面，政府部门传统的办公系统相对封闭，搭建政府数据开放平台需要大量的技术和资金支持，给政府部门增加了不少成本，不少地方政府部门缺乏相应的技术人才，缺乏开放和共享政府数据的能力。

与此同时，政府数据开放缺乏法律来明确属性、划分范围和兜底保障，同时在数据开放中缺乏明确指引，很多机构害怕触碰底线，不知道什么该开放什么不该开放。2019 年国务院发布的《政府信息公开条例》第八条就规定了"三安全一稳定"：行政机关公开政府信息，不得危及国家安全、公共安全、经济安全和社会稳定。实践中，国家秘密、商业秘密、个人信息范围存在交叉和模糊地带，政府部门担心出事要担责，所以"不敢"。

（三）社会数据的使用价值较低

社会数据指的是社会生活所形成的具有公共性质的数据，例如农业、工业、交通、教育、安防、城市管理、公共资源交易等行业的数据，分布在各个社会管理部门。这些社会数据量大面广，但以下原因导致价值难以实现：第一，分散性，往往散落在不同行业的不同主体；第二，难得性，数据量庞大但是缺乏合适的收集、记录手段；第三，沉淀性，以原始数据的方式存在，基本没有进行过分析使用。

（四）个人数据的收集使用不规范

根据中国消费者协会等机构的调查评估，个人数据使用与隐私保护存在不规范的现象：一是个人信息收集使用规则效果不佳；二是强制、频繁、过度索取成为普遍现象；三是私自收集频发，超范围收集问题突出；四是数据共享行为不规范，缺乏约束措施；五是无开启或关闭个性化服务选项；六是设置不合理障碍，账号注销难。

2020年7月初，《数据安全法》草案刚刚发布，标志着我国数据安全保护规范开始起步，但是个人数据的保护机制仍不健全。中国信息通信研究院、普华永道、平安金融安全研究院联合发布的《2018—2019年度金融科技安全分析报告》指出，2019年全年，近100家被调研的金融科技企业均表示发生过不同类型的网络安全事件，其中造成"客户资料泄露"的约22%。中国信息通信研究院发布的《2019金融行业移动App安全观测报告》显示，样本中有 70.22%的金融行业App存在高危漏洞，其中Top3的高危漏洞均存在导致App数据泄露的风险。此外，个人信息数据泄露等安全事件直接成为"网络黑灰产"的重要源头。

　　个人数据保护涉及面广，参与的市场监管主体众多，职能划分有待进一步厘清。具体来看，中央（国家）网信办、工信部、公安部和国家市场监管总局都对个人信息保护负有职权，其各自下属的机构又相互间错综复杂地参与到各类个人信息保护标准制定、监督评测、自律监管等活动中。除了中央网信办、工信部、公安部、国家市场监管总局等机构负责数据安全和保护的管理之外，全国信息安全标准化技术委员会、中国消费者协会、中国互联网协会、中国网络空间安全协会等诸多主体也负担不同的数据行业监管职能。此外，一行两会金融监管机构、国家邮政局等各类行业监管机构和组织还负担着本行业的数据监管职能，在各自权限范围内出台部门规章。司法机关负责处理进入司法程序的个人信息保护案件。这些部门的规范性文件对个人数据收集、使用、保存等数据活动的规则、主观目的、客观行为、违法情形进行了界定与管理，但是其权责关系大多存在重合。如何通过立法立规以及行业监管所形成的实践来避免政出多门导致的监管不协调是一个需要重点考量的问题。

四、释放数据生产力的政策建议

（一）制定国家数据战略，明确国家数据竞争力发展纲要

2020年4月，中共中央、国务院发布《关于构建更加完善的要素市场化配置体制机制的意见》（以下简称《意见》），其中关于数据要素市场化配置的意见和要求成为将来我国数据行业发展和国家战略的基本思路。下一步可在该《意见》的基础上，全面细化数据战略应当包含的内容——战略目标、实施路径、效果评价等。

作为国家数据行业发展的顶层设计文件，横向上看，国家数据战略应当立足高远，既要考虑国内数据行业发展的现状与未来；又要考虑国际竞争中，"数据圈"作为国家核心竞争力应当如何体现。纵向上看，还应当注重与区块链、人工智能等数字科技发展规划与战略的关系与互动。

一个可资借鉴的例子是，2020年2月，欧盟发布《塑造欧洲的数字未来》《人工智能白皮书》《欧洲数据战略》等战略规划和研究报告，明确以"技术主权"为发展主线，加大对下一代技术和基础设施以及数字能力的投资，强化处理个人数据，构建用于数据处理的下一代基础设施的标准制定、工具开发、最佳实践。

（二）加快数据确权定价，加强个人隐私保护

数据确权和定价是数据合理使用的基础。数据产权应当分类别确定：个人数据的产权界定不能一刀切，而应当根据不同行业、场景的特点灵活设定；信息主体和信息控制者之间可以通过合同来约束数据的使用方式、数据收益的分配方式以及与数据相关的责任承担方式。社会数据的产权应当是属于全社会的，社会数据是公共产品、公共资源。政府数据的产权与社会数据相似，产权归属于政府，属于公共资源。企业数据的产权在尊重和不侵犯前三类产权的基础上，通过自身劳动所获取、加工、使用的数据应当归属于企业本身。数据定价可以参考大数据交易的实践：从成本、收益、效用、用户等属性确定数据价值的构成，通过市场主体的竞争活动确定数据要素的定价规则和定价标准。

隐私保护是数据合理使用的后盾。各个行业在涉及数据业务时，都无法避免对数据进行获取、加工、处理、存储、销毁，数据主体个人隐私的侵犯是数据要素可能具有的负外部性之一。《意见》就要求一方面提高数据质量，丰富数据产品；另一方面制定包括隐私保护在内的与数据保护相关的规范制度。应当进一步明确隐私保护的规范要求、实现手段、惩罚机制，以实现个人隐私保护和数据要素流动的平衡。

（三）加大数据开放共享，规范数据收集使用

打破政府数据开放难题需要以责任清单带动激励相容。第一步，建立"数据责任清单"。通过向政府部门施压去推动数据的开放和共享，带动政府部门主动公开的方式是现阶段最行之有效的，"数据责任清单"需要详细明确要开放共享的数据类型、以什么样的方式进行开放共享、向什么主体进行开放共享等问题。第二步，建立激励相容的政府数据开放制度。政府数据的开放共享涉及诸多政府部门主体、社会主体以及企业、个人主体。激励相容的开放制度最重要的就是打破政府部门内部的复杂关系。在形式上表现为数据开放的"一站式"平台，一方面将政府内部事务统一到一个出口对外展示，另一方面将"一站式"作为政府的统一服务理念贯穿在政府数据开放过程中。

提升社会数据的价值应当构建促进全社会收集、使用、共享社会数据的体系。第一，积极开展商业创新，"培育数字经济新产业、新业态和新模式"，挖掘社会数据的商业价值；第二，努力创造使用社会数据的社会生活场景，拓宽社会数据的存在范围；第三，通过行业自治的方式形成行业标准，降低社会数据收集、使用的兼容成本；第四，鼓励专业机构运用自身数字能力打造底层数据基础设施，促进社会数据"变现"。

个人数据的互联互通与政务数据和社会数据不同，更应当依靠

市场化交易的方式加以实现。大数据交易市场是为海量、高频的数据提供流转、价值发现和价值交换的场所，是数据价值与红利的释放手段和释放过程。买卖双方对原始或处理后的数据及数据服务进行互通有无，大数据交易有利于挖掘数据资源的潜在价值，有利于发挥数据与土地、能源同等重要的要素作用，有利于推动数据流引领物质流、资金流、人才流、技术流，有利于推进产业数字化转型、推动产业转型升级。在此过程中，数据所有者可以获得个人数据的价值变现，数据加工者和控制者可以获得个人数据的价值附加。

（四）加快推进新基建，更好释放数据生产力

一是要加快投资新基建，降低数据合理使用成本。应当明确和数据相关的新基建范围，并出台重点项目清单，鼓励和重视科技企业和民营企业的数字化力量。二是推进数字化产业和产业数字化的共同发展。应当推动传统产业的线上化、数字化、智能化，实现数据要素和其他要素的融合协同。三是强化数据应用，鼓励数据与技术场景更好融合。打通技术场景和业务场景，注重客户需求，利用全息画像、智能推荐等算法模型，积极发挥数字科技企业在5G、云计算、智慧城市等方面的应用，加快区块链、人工智能、边缘计算、量子技术等创新技术研发与实际场景和产业实践的融合。发挥数字科技企业在供应链、贸易链和产业链的基础推进作用。

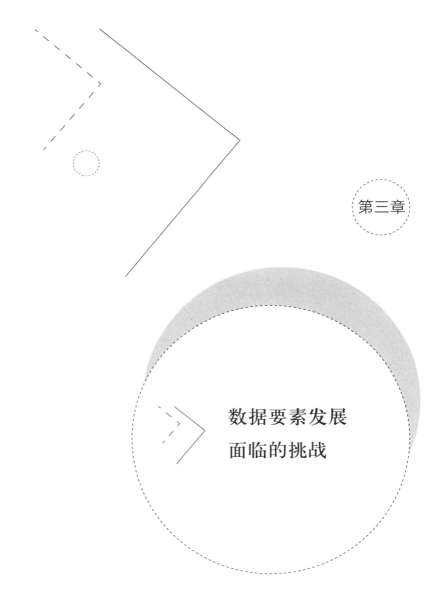

第三章

> 数据要素发展
面临的挑战

数据要素的独特属性及市场化的关键

王　融

一、数据要素的独特属性——映射社会关系

相较传统的生产要素，数据要素有自己的独特属性——数据既是生产要素，同时又映射了社会关系。这使数据利用会产生相关的外部性问题。经济基础包括生产力和生产关系两部分，其实我们整个社会都是如此，由具体的物质与物质之间的社会关系所构成。一个简单的例子是，当我们在使用微信时，我们的好友通讯录或者微信内容，既是数据的形式，又是一个个人关系、社会关系的载体。

同样，在移动互联网领域之外也是如此，如新兴的物联网、产业互联网领域等。这些领域内有着不同的企业主体，他们之间有着不同的合作关系、竞争关系或者商业生态上的上下游关系，而这些

作者系腾讯研究院资深专家。

关系在产业互联网领域也可以通过数据来表现。所以在对数据要素进行开发、利用的过程中，一方面我们要关注数据的经济属性，另一方面还应解决因为数据映射社会关系这一属性而带来的根源性问题——信任问题。

二、数据生产要素市场化的关键——满足对不同关系主体的信任与发展要求

（一）个人数据与权利保护

从个体视角出发，在对涉及个人社会关系的数据要素进行发掘利用的过程中，最重要的便是满足其对个人权利保护的诉求。这一诉求既包括传统的隐私保护；又包括进入人工智能和大数据时代后，在自动化决策情况下要解决的公平性问题、透明性问题和非歧视性问题。

健康码便是一个非常典型的例子，健康码在疫情期间的高频使用，让我们每个人都感受到个人数据与个体权利之间密不可分的联系。不清楚健康码到底搜集了多少数据会让我们感到不安，当出现"红码"时，个人出行自由或者其他权利受到限制也会引发质疑与讨论。同时，我们也看到，诸多政府部门在推行健康码进行疫情防控

的过程中，也在探索各类透明公开的方式，保障用户知情权。如上海市"随申码"、广东省"粤省事"和贵州省"贵州健康码"在注册时需用户点击同意政府运营管理机构制定的用户协议和隐私政策；如深圳市政府还专门编制了《操作指引》，向用户告知健康码汇聚分析的数据类型、申诉渠道等。

（二）产业促进与发展

企业是利用与处理数据要素的重要主体，也是数据生产要素市场化的推动力量与实践力量。开放宽松的政策环境，包容审慎的监管理念，对基于数据的技术与商业发展留出更大空间。与此同时，围绕数据竞争的规则需求也越来越迫切。近些年来，围绕数据的反不正当竞争案件逐步增多，从"新浪诉脉脉"案、"菜鸟顺丰之争"到"大众点评诉百度地图"案，围绕数据竞争的争议日益突出，这也反映出健康有序的行业发展呼唤理性的数据竞争规则。

产业发展在数据要素市场化方面的另一个诉求是，进一步呼吁推动政府数据开放。《意见》也体现出中央对这一问题的支持态度。相比于其他社会数据资源，政务数据的属性比较明确，是政府在履行公共职责过程中处理的数据，具有明确的公共属性，这在近年来国内外的政府数据开放实践中得到了验证。因此，这类数据应该进一步向各界开放，并以一种数字化、格式化、机器可读的开放形式来具体开展。

与政务数据相比，社会数据资源的性质还需要依据不同的类型来讨论，因此《意见》中有意将政务领域的数据与一般社会数据资源进行了区分。政务数据开放的核心点，即进一步推动数据开放、共享，发掘数据潜在价值；而对于社会数据资源，仍需认可和鼓励市场在社会数据资源配置中发挥主要作用。市场要担任社会数据资源配置的主要角色，必须依托健康、有效数据市场竞争秩序的建立与数据财产权益的保障。

（三）国家数据经济竞争与数据安全

在更为宏观的国家层面，我们越来越意识到数据的整体发展水平与国家的发展能力以及未来的数字竞争力息息相关。根据国际数据公司（IDC）的测算，到2025年我国将成为世界上数据拥有量最大的国家，占全球的27.8%。因此，抓住数据时代的变革机遇，充分实现对数据资源的开发利用，直接决定我国在新一轮国际竞争中的地位，以及通过数字化产业发展保障国家数据安全并推动社会的整体进步的能力。

三、数据生产要素市场化的手段——协调好三对关系

（一）平衡好个人信息保护与产业发展的关系

在个人数据权利保护层面，要实现个人权利保护诉求与产业发展诉求之间的科学平衡。一方面，我们要为个人基本权利提供良好的基础保障与法律保护。近年来，我国不断推进相关方面的法律建设，全国人大正在负责起草《个人信息保护法》，在《个人信息保护法》制定的过程中，也会面临平衡个体权利保护与企业创新发展之间关系这一难题。

在这一问题上，欧盟的《通用数据保护条例》（GDPR）经常被当作范本与榜样。确实，GDPR回应了数字时代个人权利新的变化和需求，但这种比较刚性或者说过于严格的制度也制约了欧盟数据产业的创新与发展空间。事实上，自2018年GDPR正式生效后，欧盟内部的政策制定者们也在反思这一问题。德国总理默克尔就曾表示，如果一直延续GDPR的严格限制思路，可能会错失在下一轮数据经济全球化竞争中的优势和领导地位。欧盟于2020年3月发布的《人工智能白皮书》也体现了这一平衡与妥协。在白皮书的制定阶段，欧盟原本计划在未来三到五年内全面禁止人脸识别在欧盟的应用，但最终却取消了这一限制性规定，说明欧盟也在不断反思如何把握和平衡好个体权益保护和整体产业创新的关系。当进入大数据时代，

尤其是人工智能阶段后，不仅技术本身的创新依赖对数据的挖掘和利用，而且各类算法的进一步优化在很大程度上也依赖数据的汇聚，如果过分限制企业的创新空间或者过分强调个体的权利保护，可能会在整体上产生部分负面作用。

（二）平衡好政务资源开放和数据经济发展之间的关系

《意见》对政务数据资源和社会数据资源进行了区分，并设计了不同发展方向。对于政务数据，通过开放制度促进数据供给；对于社会资源数据，通过培育数字经济新业态方式予以支持发展壮大。

一方面要加大数据供给的制度保证，积极推动政务数据开放。政务数据资源的性质与社会数据资源不同，因此相关政策与做法也不同。《意见》指出："推进政府数据开放共享。优化经济治理基础数据库，加快推动各地区各部门间数据共享交换，制定出台新一批数据共享责任清单。研究建立促进企业登记、交通运输、气象等公共数据开放和数据资源有效流动的制度规范。"在疫情期间，受到防疫需求的推动，我国的政务数据在开放和共享方面取得了长足进步，过去常说的政务数据"孤岛"问题在疫情期间得到了较好的解决。此外，对技术服务水平要求较高的领域，政府部门通过购买政务服务、依法依约引入市场力量开展数据资源利用，加速提升数字化水平，为政务民生服务提供了更好支撑，这些有益经验应进一步通过制度予以推进。

另一方面要提升社会数据资源价值，培育新型数字业态。与政务数据资源不同，社会数据资源没有明显的公共性质，因此社会资源数据的利用仍应以市场为主导，要充分发挥市场激励机制促使数字经济发展壮大。数据与传统的有形资产不同的是很难用所有权或者物权的思路去界定企业或平台是否拥有某一数据。一个数据载体上可能会叠加和层叠来自不同主体的权利诉求，比如企业汇集的数据很大程度上是属于消费者的数据。事实上，在数据要素的利用过程当中，数据确权并不是一个必要的前提条件。我们过去谈到数据交易问题总会认为数据交易的前提是要解决确权问题，但实际上近几年的产业实践证明传统的依靠数据交易方式挖掘数据价值其实空间并不大。不论是最早的贵阳大数据平台还是由各地政府主导推动建立的数据交易平台，交易量都非常有限。一般企业生产和经营的出发点都不是交易数据，其原始出发点都是利用数据进一步提升服务水平或改进自己的产品。所以问题的核心在于如何实现更好的数据共享和数据价值的协同开发利用。

在人工智能、算法以及区块链技术的发展方面，社会数据资源的共享和利用也许可以采用另外一套思路。一方面，各方共同投资，构建一个能够不断汇集社会数据资源的具有竞争力的平台，并给予这个平台一定的权利保护。这种权利保护并不是对其所有权的保护，而是基于过去长期投资所形成的一种正当化权益的保护。另一方面，市场上的各方主体都可以通过市场契约的方式实现对数据价值的挖掘。当然对数据挖掘的前提是共同遵守保护用户隐私和基本权利，尊重数据安全的基本要求，尊重国家安全的基本要求。这是破解现有社会数据资源利用不充分的一种可行思路，不以确权为前提，而是通过给予数据平台法律保护预期的方式实现各方数据的汇集与使用。

（三）平衡好数据权属与竞争的关系

实践中存在大量围绕数据权属而产生的竞争案件，在根源上，这是由于数据不仅是生产要素，也附着了社会关系，各方主体对数据的权益都有所投射，在数据处理周期中，难以将权属归于单一的主体这一特性所决定的。过去几年，在数据竞争案件中体现出的司法解决方案便值得我们借鉴。如在"新浪诉脉脉"案中，法官创造性地提出了两个基本原则，一是平台基于长期的投资、投入所形成的权利应该得到法律的正当保护。各平台围绕用户数据进行进一步开发利用时应考虑创建一个有效的协调机制实现各方权利。二是三重授权原则，不同平台共同开发用户数据时应该各自得到用户的完整授权，跨平台数据利用应当基于市场进行自治。

当然正如前文所述，"数据权属"虽没有明确定论，但其并不会对数据开放、利用构成阻碍。实践中，在社会数据资源利用领域，逐渐形成了一个以市场机制为主导，在满足法益保护要求的同时又允许市场主体发挥各自的创新能力共同实现数据价值提炼的协作机制。合作与竞争并存代替纯粹的竞争是发掘数据价值，实现数据市场良性竞争的必由之路。

四、结语

充分发掘数据价值，除了满足个体权利保护、产业创新发展和国家整体数据发展战略的诉求，协调好三者之间的关系外，还需要增强制度供给及发挥技术支撑作用。在制度建设层面，一方面要通过建立健全相关法律法规奠定数据市场的基本秩序，如《数据安全法》的出台，明确数据开放利用原则、确定数据安全红线；另一方面要推动管理机制与手段创新，构建起灵活的、能够推动多方参与的数据要素市场，发挥市场的创造力和活力。在技术层面，要充分发挥技术在隐私保护和数据流通领域所能发挥的巨大作用。

从历史视角看，隐私权迈向个人信息保护，是制度在回应信息技术带来的信任新风险，但制度不可避免具有滞后性。为减少规制惯性带来的负面效应，制度应保持适度弹性，以使制度与技术进行

更包容的双向互动，彼此调整完善。在下一代人工智能新兴技术领域中，我们也欣喜地看到这种良性互动，以联邦学习（Federated Learning）为代表的AI技术方向，在保障隐私和数据安全的前提下，为进一步挖掘数据价值、创造社会福祉带来新的解决方案。

数据要素市场的法律之基

许　可

　　1995年，美国学者尼葛洛庞帝在《数字化生存》中饶有趣味地举了一个真实的例子。当尼葛洛庞帝参观一家美国集成电路制造商并在前台办理登记的时候，接待员向他询问他的笔记本电脑价值，他回答说："大约值100万到200万美元吧！"接待员难以置信，然后对他的旧电脑估值了2000美元。尼葛洛庞帝对此感叹道："问题的关键是：原子不会值那么多钱，而比特却几乎是无价之宝。"20多年后，比特数据的价值已经广为人知。2020年4月，中国更进一步，正式发布《中共中央国务院关于构建更加完善的要素市场化配置体制机制的意见》，将数据与土地、资本、劳动力并列为关键生产要素，并提出加快培育数据要素市场的愿景。数据要素市场的蓝图已经绘制，但困难在于如何落实？

作者系对外经济贸易大学数字经济与法律创新研究中心执行主任。

一、法律与数据要素市场

诺贝尔经济学奖得主奥利弗·威廉姆森曾用《圣经》开篇的口吻写道:"太初有市场。"这句话生动反映出一种传统观念:市场是上帝赐予的礼物,是脱离人为因素的"自然机制",它无须借助任何人为的设计、控制、约束而自然生成和自发运作。诚然,作为自愿交易的市场,已有三千年的历史,中国更是人类市场的最早发源地之一,《周易·系辞下》载神农氏"日中为市,致天下之民,聚天下之货,交易而退,各得其所",便是明证。然而,市场绝不仅是交易,它应是有组织的、有竞争的交易。正如波兰尼在《大转型》一书中洞见的,每个市场都依赖于自己的固有规则、文化规范和制度构造,是各种社会力量共同参与塑造的"人为机制"。以此观之,数据要素市场绝非自动自发所能形成,恰恰相反,正是由于面临着人们无法自愿合作的挑战,这一市场的建立才显得问题重重。

在种种人为机制中,法律居于中心地位。较诸非正式机制,法律是一种国家运用强制力提供的保护性服务。由于规模经济的存在,通过法律保护权利的社会总收入高于社会个体保护权利的总收入,这意味着法律的保障更有效率。不仅如此,法律还拓展了交易的范围和数量。在缺乏法律的支持时,交易只能依赖自我实施型的契约,而当法律介入后,第三方执行的机制提高了当事人的违约成本,从而促进了交易的达成与履行。

　　国家法律对于市场建构的作用体现为四方面，因而呈现出四种面貌。首先是"形成市场框架之法律"，即国家通过明确和保护财产权、执行合同、确立市场主体资格等方式，为市场搭建最基本的底层架构，当事人由此展开交换、竞争、合作与博弈。其次是"强化市场理性之法律"，即国家旨在化解信息不对称等市场失灵问题，以提升市场机能、完善经济秩序，进而实现个人自主。再次为"纠正市场偏差之法律"，即国家通过对具体市场结果的调整，达致双方当事人之间的利益平衡状态。如果说"强化市场理性之国家"侧重于程序控制，那么这里的国家则倾向于实质衡量。从公平交易原则到诚实信用原则，从"显失公平"的撤销权到合同的"情势变更"，无不体现出背后的国家考量。最后为"保护市场弱者之法律"，即国家针对地位形式对等但实际悬殊的当事人，基于对特定群体的政策偏向而向另一方苛加义务。在社会多元化和阶级分化的时代，强弱对立不是当事人在微观场景下的个别事件，更是群体之间的常态。较诸"纠正市场偏差之国家"，国家在此遵循着罗尔斯的"分配正义"而非司法的"矫正正义"。市场的"弱者"不只包括消费者、劳动者等个体，还涵盖在市场垄断格局下的中小企业。

　　国家法律对数据要素市场的功能同样如此。就"形成市场框架之国家"而言，法律旨在明确数据财产权；就"强化市场理性之国家"而言，法律旨在消除数据交易的信息不对称；就"纠正市场偏差之国家"而言，法律旨在分配数据市场的责任；就"保护市场弱者之国家"而言，法律旨在保护数字市场个体或企业不被强者不公正对待。

二、形成数据市场框架：科斯问题

数据并不是人类进入信息时代以来生产要素分配的首个难题。20 世纪初，围绕着无线电波段的争讼不绝。随着联邦检察官对巅峰无线电公司无证运营公诉的失败，任何电台都可以在任何时间和任何波段运营而不受惩罚，于是，"业余爱好者的信号与职业广播信号混杂；许多职业电台用同一波长广播，他们或者用君子协定来分割广播时间，或者在别人广播时贸然以自己的广播切断别人的喉咙，听众则只能无可奈何地在另一个电台的喧闹背景声中收听节目；用莫尔斯电码的船两岸通讯也将其'嘀嗒'声加入了这愚蠢的声音交响乐中"。

面对这一混乱状态，由国家来分配无线电波段成为美国政府的选择。后来的美国总统，时任商务部部长的赫伯特·胡佛是这一政策的坚定支持者。他强调说，波段是"一种国家资源"，它足以与更古老的、更实体化的公共财产相提并论。据此，1927 年《无线电法案》和 1934 年的《通讯法案》均明确：联邦无线电委员会应当"根据公众的便利、利益或需求"分配广播许可证。可是，由于法律没有提供更多的指引，委员会倾向于把功率最大的电台授权给实力最强劲的申请者，如通用电气、西屋电气和RCA等公司；相反，芝加哥劳动联合会等公益组织最终获批的仅仅是一个在白天而非夜晚广播的微弱信号。1959年，科斯在《联邦通讯委员会》一文中发问：由政府通过行政方式来分配无线电波段是否有效率？他的回答是：如果能清楚地界定产权，那么通过市场交易来确定波段的使用人是可行的。

回到信息时代的数据，"清楚界定的产权是市场前提"的判断依然成立。尽管我国《民法典》第一百二十七条规定："法律对数据、网络虚拟财产的保护有规定的，依照其规定。"但由于其并未对数据是权利还是法益，是物权性权利还是一种特别权利等问题加以规定，数据权利依然悬而未决。相关症结在于立法者仍围于有体物的物权想象，将数据理解为类似于土地的财产。事实上，数据如水流，数据权利是一种流动性的权利，所有权远没有使用权重要。恰如科斯在《联邦通讯委员会》中指出的无线波段的财产权利，与其说电波的所有，毋宁说是"可以特定方式使用设备传出讯号"。因此，数据产权制度的关键不在于确定由谁所有，而是如何将数据潜在的各种利用机会在不同的使用人之间进行分配，以使得各使用人之间能够并行不悖地利用该数据。因此，在数据要素市场制度的建构中，一方面要确定数据权利归属，另一方面要辨明数据行为的边界。

就数据权属而言，应当将"捕获规则"引入其中。这意味着数据从业者对于其合法收集的数据集合或各种数据产品（如数据库、数据报告或数据平台等），享有占有、使用、收益和处分的财产权益。这一论断有着如下的理由：首先，信息是一种流动性资源。就像石油、天然气、水流或奔跑着的野生动物，信息的原始形态是不可见的或流动着的。由于它们具有从一个地方移动到另一个地方的能力，因而让一个人对其所能俘获的事物享有所有权便是成本最低的规则。在某种意义上，我们可以将数据的形成想象为运用电子技术将信息固定化的过程，更形象地说，数据是数据从业者捕获信息所得的战利品。因而，数据收集者更像是发现者，而不是发明者。数据财产权由此和知识产权区别开来。其次，数据是数据从业者劳动的结果。数据并非自在天然之物，其聚合、存储和价值实现有赖于大量的人工干预和资本投入。更重要的是，基于数据的多栖性，数据财产权的设定并未损害其信息的源头，从而符合"洛克但书"——财产权的授予并不导致其他人境况的恶化。最后，捕获规则给予了正向且有效的激励。对于人力和资本双密集的数据产业而言，捕获所有权一方面通过遏制他人的搭便车行为，鼓励了对数据收集、清洗、存储和安全保障的长期投资；另一方面，该规则增加了法律的确定性，有助于数据交易和数据的商业化再利用。不仅如此，捕获所有权将数据从业者的实际控制转化为法律控制，这反而提升了数据的开放程度和可得性，从而增进数据的自由流通。可资佐证的是，欧盟《关于数据库的法律保护的指令》，在赋予那些不受著作权法保护但又有实质性投资的数据库以特殊权利的同时，特别允许他人有权自由运用权利人公开数据库中属于单纯事实部分的数据。

就数据行为的边界而言，我们将数据行为细分为如下权利：（1）占有权；（2）对数据直接控制的排他权：对数据排除他人使用或从中获利的权利；（3）使用权：对数据的使用权；（4）管理权：决定如何或由何人使用该数据的权利；（5）收益权：享有因个人对数据的使用或允许他人使用而产生的收益；（6）资本权：出售、许可数据获得收益的权利；（7）保障权：免予被侵夺的权利；（8）共享权：将数据与他人共享的权利；（9）无期限限制：指对数据的权利不应有时间上的限制；（10）禁止有害使用：有权制止以有害他人方式使用数据的权利；（11）跨境传输的权利：数据自由跨境流通的权利；（12）拒绝政府索取的权利：不向政府报送数据的权利；（13）损害赔偿权：对数据的侵夺和侵害，有权获得金钱赔偿的权利；（14）剩余性权利：在某项权利消灭之后回复所有权。鉴于数据因关涉主体和承载利益的不同而不同，针对不同的数据类型可以根据上述权利清单作出个性化的规定。

三、强化数据市场理性：阿罗问题

如果说"科斯问题"是对数据要素市场前提的质问，那么"阿罗问题"就是对其能否发展的探寻。1963年，最年轻的诺贝尔经济学奖得主肯尼斯·阿罗在《不确定性与医疗保健经济学》一文中提出信息经济的阿罗悖论：信息与一般商品迥然有异，它有着难以捉摸的性质，买方在购买前因为不了解该信息无法确定信息的价值，而买方一旦了解该信息，就可以复制，从而不会购买，故而信息是无法完全市场化的。美国法经济学家罗伯特·库特在《所罗门之结：法律能为战胜贫困做什么》一书中用一封写给波士顿投资银行的信演绎了这个原理。信是这样写的："我知道如何让你们银行赚一千万美元。如果你肯给我一百万，我就告诉你。"银行不愿意在确认信息的价值之前就购买信息；写信人则害怕将信息透露给了银行，银行却不付钱。这一问题在数据要素市场中同样存在：买方难以判断数据的质量和价值，卖方则对数据安全充满疑虑。更重要的是，数据是典型的时效品，老数据不如新数据值钱，而且随着时间推移，前者越来越没有价值。大数据与其说是"大"的数据，不如说是实时在线的"活"的数据，只有可信的数据信任源不断运行，才能避免数据的静态化和僵尸化，才能实现数据价值。因此，与一次性买卖不同，数据交易更加依赖于双方的长期合作。如何克服信息悖论导致的"双边信任困境"，成为关系数据要素市场的根本问题。

对此，我们不妨借鉴一下淘宝的经验。在20年前，几乎没有人看好中国的电商市场，在网络虚拟空间中，买卖双方互不相识且天各一方，信任是个无解的难题。买方担心商品假冒伪劣、维权困难，卖方则恐惧无法收到货款。面对这种信任鸿沟，淘宝创造性地运用了支付宝担保、大数据风控以及在线反馈和评分系统，来执行合同、预防欺诈和解决纠纷。2019年，中国电商市场的销售额已达1.99万亿美元，占全球在线零售总额的55.8%。淘宝不仅改变了线上市场，还间接提升了线下市场的服务水准。如今，我们都很难想象一个没有无理由退换货的商场，而这在10多年前还是消费者的梦想。

电商市场的经验启发我们：在数据要素市场发展的过程中，数据交易平台不能是简单的场所提供者，而应当把自身定位于市场秩序的维护者，积极介入交易流程，将一对一的数据交易转变为以平台为基础的网状交易，从而克服数据市场的双边信任困境。为此，数据交易平台需要从规则制定和技术支持两方面入手：前者要求提供合同模本、确定数据质量、披露数据内容，从而降低各方的交易成本，后者要求提供大数据管理平台、安全计算系统、数据加密算法等技术服务，从而确保数据安全与可追溯。一旦信任鸿沟弥合，交易就会源源不断。

四、纠正数据市场偏差：陈胜、吴广问题

任何市场都有赢家和输家，同时也必然有违法得利者和不当损失者。如何妥善分配数据要素市场中各方责任，成为纠正数据要素

市场偏差的关键问题。但是，市场如欲壮大，必须有足够多的市场参与者，倘若风险太大、责任太重，潜在的数据交易者，特别是中小企业就会畏首畏尾，望而却步。然而，究竟该如何分配呢？

2019年《数据安全管理办法（征求意见稿）》第三十条规定："网络运营者对接入其平台的第三方应用，应明确数据安全要求和责任，督促监督第三方应用运营者加强数据安全管理。第三方应用发生数据安全事件对用户造成损失的，网络运营者应当承担部分或全部责任，除非网络运营者能够证明无过错。"由此，无论数据安全事件发生在何人身上，数据原始提供方都须承担连带责任。显然，这种不确定风险必然会使大量企业打消数据共享的念头。放宽历史的视野，这种责任其实由来有自。

公元前209年，九百人屯大泽乡。"会天大雨，道不通，度已失期。失期，法皆斩。"陈胜、吴广的发问直指人心："今亡亦死，举大计亦死；等死，死国可乎？"透过现代法律的棱镜，陈胜、吴广遭遇的实质是客观归责的结果责任与替他人担责的连带责任。如果说在农业社会中，受限于信息匮乏的约束，政府不得不采取连坐制度以降低信息收集和监督成本。那么，在数据驱动治理成为现实的当代，数据责任就应改弦更张，回到过错原则和自己责任原则。

更重要的是，这次新冠肺炎疫情充分表明：我们所处的是一个风险无时不有、无处不在的风险社会。在中国传统观念中，"无危则安，无缺则全"，"安全"往往意味着没有危险且尽善尽美，而在当今，这种希冀消除一切风险的法律目标早已不合时宜。正如德国社会学巨擘卢曼所洞见的：我们生活在一个除了冒险别无选择的社会。风险容忍的数据安全而非零风险的数据安全日益成为人们的共识。习近平总书记在2016年4月25日全国网络安全和信息化工作会议上亦强调：网络的安全是动态的而不是静态的，相对的而不是绝对的。既然数据泄露、滥用的事故不可避免，那么试图通过严苛的结果责任来阻吓违法行为，必然是"不可能完成的任务"。

在过错责任和自己责任的架构下，未来的数据责任不妨采取三元归责体系。简言之，在相关方单独侵权之时，承担自己责任；在多方构成共同侵权之时，承担连带责任；在网络平台未尽到安全保障义务之时，承担补充责任：各方由此各得其所。考虑到大量的数据交易由交易平台发起和组织，妥当确定其责任，意义重大。2020年7月发布的《数据安全法（草案）》第三十条规定："从事数据交易中介服务的机构在提供交易中介服务时，应当要求数据提供方说明数据来源，审核交易双方的身份，并留存审核、交易记录。"该条确立了数据交易中介（平台）的形式审查而非实质审查义务，实值赞赏。但问题是，《数据安全法（草案）》未规定违反审查义务的责任，建议在此情形下明确其补充责任。

五、保护数据市场弱者：Robin问题和Levy问题

在数据市场中，最主要的弱者非个人莫属。2018年，百度董事长兼CEO李彦宏（Robin）在中国高层发展论坛上的一段发言"中国人对隐私问题的态度更加开放，也相对来说没那么敏感。如果他们可以用隐私换取便利、安全或者效率。在很多情况下，他们就愿意这么做"引发轩然大波，但他提出了一个重要问题：在数据价值飙升的背景下，如何平衡用户的个人信息权益和企业的数据利益？

对此，法律首先可以引入"经规划的隐私"理念。所谓"经规划的隐私"，即将个人信息保护贯穿产品和服务的整个生命周期，从最初的设计到产品和服务的实施、运用直至最后终止。"经规划的隐私"遵循个人和企业双赢的观念，反对隐私和安全不相容的错误二分法，力求通过周密、直接的嵌入式设计来调和相互冲突的利益与目标。具体而言，"经规划的隐私"包含着如下基本原则：其一，将个人信息保护作为默认设置。由于信息不对称和企业所拥有的框架设计的权力，关于个人信息收集、使用、转让、共享的条款设计一般应采取选择同意模式，在此情形下，如果个人没有做出任何行为，他们的个人信息就不会受到侵害。其二，寓个人信息保护于设计之中。"经规划的隐私"要求将个人信息保护作为信息技术系统、物理硬件和商业结构中不可或缺的一部分，并且该部分的功能实现并不会削弱其他的功能。为此，国家有必要在"灵活性、常识和实用性"

原则的指导下，制定个人信息保护的专门立法、综合性法理和行业标准。其三，遍及全程的保护。个人信息保护应在数据收集、存储、处理、转让和删除的全过程中体现，并在各个环节明确具体责任人，以确保安全标准的实施。其四，保持透明和开放。透明是建立信任的捷径。企业有关个人信息处理的政策、进程和控制方式的信息应当向公众发布，且须以通俗易懂的方式呈现。同时，企业内部负责个人信息安全事务的人员身份和联系方式有必要公之于众，以便客户监督并建立投诉和赔偿机制。

不仅如此，法律可通过"个人信息权益"和"企业数据权利"的二分法，有效化解两者的矛盾（见下表）。

企业数据权 vs. 个人信息权

	企业数据权	个人信息权
权利主体	数据从业者（企业）	数据主体（自然人）
权利标的	具象的电磁记录	与表现形式无关的抽象知识
权利性质	财产权	人格权
权利内容	占有、处理、处分	保密、查询、复制、更正、删除

企业数据权和个人信息权的二元分置有着实体法的支持。从比较法上观察，个人信息权或被定义成一种新型人格权（如德国《联邦数据保护法》），或被归入"信息性隐私"（如美国《隐私法》），从而和以财产利益为导向的数据权迥然不同，后者多以美国《统一计算机信息交易法》、俄罗斯《信息、信息化与信息保护法》为参照。我

国同样如此,《民法典》将个人信息置于人格权的范畴。而在人格权和财产权的二分格局下,无论是《民法总则(一审稿草案)》将数据视为一种知识产权,还是《民法典》将其和虚拟财产并列,数据均不离财产权的性质。同时,数据权和个人信息权的二元分置还有理论上的支持。正如美国法学家约翰·克里贝特所言:"所谓自然财产是不存在的,财产完全是法律的产物。"而法律之所以赋予某种事物以公开且稳定的财产权,恰恰在于其能够持续激励权利人创造、改进和更好地使用该种事物,实现稀缺资源的配置,产生更大的效用。以此观之,个人信息和数据截然不同。直接或间接标识个体的信息并不稀缺,它们广泛地存在于世界上。更重要的是,它们不太可能因激励而大幅增加。相反,数据集合由数据从业者创设或生成。通过为每个用户创设一个用户文档,数据从业者得以搜集、记录、存储和分析,最终形成富有经济价值的数据产品。毫无疑问,这些都需要支付费用、建立组织、培训技能和密集劳动。正如20世纪初,就事实记载和描述的"新闻"是否成立财产权的论争一样,如果不赋予数据从业者以数据权,就意味着任何人可以将他人的收获物攫为己有。这必然降低人们对数据的投资,进而阻碍数字经济的发展。

在数据市场中,除了个人,还有大量被大企业护城河拒之门外的中小企业。1984年,Steve Levy提出,"信息想要自由/免费"。数据只有流通才有价值,但富有价值的数据往往又是不流通的。对于数据的独占不一定损害市场竞争,但在特殊情况下,中小企业可能因之无法进入市场，甚至可能黯然离场。HiQ 诉 LinkedIn 一案鲜明体现了大公司和小公司的数据争夺。因而，Levy 问题的实质是：法律能否基于打破数据孤岛和数据垄断的目的，允许第三方在未取得数据从业者同意的情况下获得和使用数据？

对此，国家可以在承认企业数据权的基础上，通过"法定许可"强制流通。起源于知识产权的法定许可的正当性建立在维护多元利益平衡、言论自由和文化繁荣和最后促进衍生作品的创作上。根据对权利人的知情权、同意权、自主定价权与获酬权限制的多寡，法定许可分为法令性法定许可、裁定性法定许可与法令性默示许可三种形式。根据不同类型的内在机理，并考量使用场景，企业数据权的法定许可制度不妨作出如下设计：

（1）如果数据公开可用，且不能被独立生成、收集或从任何其他来源获得，则第三方有权在通知数据权人的前提下，以公允价格和非歧视性条件将数据的实质部分用于商业目的。为此，数据权人第三方应就使用费率和支付条件达成合意。否则，相关政府机构或法院有权依其职权作出市价补偿的决定。

（2）如果数据公开可用，且不能被独立生成、收集或从任何其他来源获得，则第三方有权在通知数据权人的前提下，以法定价格和非歧视性条件将数据库的实质部分用于教育、科研、文化传播等非商业目的。此时的使用费率和支付程序由法律直接规定，并可通过特定机制予以定期调整。

（3）如果数据已由负有法定义务的公共机构向公众公开，则第三方有权无偿获得摘取和再利用数据实质内容的许可。

结　语

"没有恰当的制度，市场是没有意义的。"科斯的话如今仍熠熠生辉。缺乏清晰的产权界定与保护、可信赖的合同执行机制、可预期的执法和司法制度以及维护公平竞争的规则，就不可能有数据要素市场的建立、发展与壮大。如何深入理解数据及其交易的特性，创造性地形成贴合商业场景、发挥数据效能、化解风险忧虑、平衡各方权益的数据要素市场支持性制度？这是数字经济的大哉问，我们期待着中国方案与中国智慧。

金融领域数据要素市场培育：
从怎么看到怎么办

车　宁

雄关漫道真如铁，而今迈步从头越。随着新冠肺炎疫情对经济发展影响的全面发酵，危机倒逼改革的传统路径再次发挥作用，一系列政策利好逐步释放。

2020年4月9日，中共中央、国务院发布《关于构建更加完善的要素市场化配置体制机制的意见》（以下简称《意见》），数据作为生产要素之一与土地、劳动力、资本、技术并列，成为《意见》的最大亮点。

数据首次作为生产要素出现在政策文件体系肇始于党的十九届四中全会，而国家最高领导人对此的构想更可上溯到2014年——习近平总书记在主持召开中央网络安全和信息化领导小组第一次会议时就提出了"信息资源"的生产要素属性，"网络信息是跨国界流动

作者系北京市网络法学研究会副秘书长，中国政法大学互联网金融法律研究院研究员。

的，信息流引领技术流、资金流、人才流，信息资源日益成为重要生产要素和社会财富，信息掌握的多寡成为国家软实力和竞争力的重要标志。信息技术和产业发展程度决定着信息化发展水平，要加强核心技术自主创新和基础设施建设，提升信息采集、处理、传播、利用、安全能力，更好惠及民生"①。

党的十九届四中全会通过的《决定》中，明确指出要"推进数字政府建设，加强数据有序共享，依法保护个人信息"，同时提出"健全劳动、资本、土地、知识、技术、管理、数据等生产要素由市场评价贡献、按贡献决定报酬的机制"②，明确了数据的生产要素地位。

而《意见》作为中央颁布的第一份关于要素市场化配置的文件，虽然只是延续了过去的思路框架，少了一些"开天辟地""石破天惊"，但延续绝不仅意味着重复。从历史经验来看，延续的政策才是"实"的政策，具有鲜活的生命力。

然而由顶层设计到实际落地，数据要素市场的建立并完善仍需持续努力。即使是号称实践积累相对丰富、成果变现相对快捷的金融领域，数据依然未能充分发挥作为生产要素应有的作用。虽然需求迫切并明确，但挑战也尖锐且直接，金融领域数据要素市场的培

---

① http : //www.cac.gov.cn/2014-02/27/c_133148354.htm?from=timeline.
②《中共中央关于坚持和完善中国特色社会主义制度　推进国家治理体系和治理能力现代化若干重大问题的决定》，http : //www.gov.cn/zhengce/2019-11/05/content_5449023.htm。

育亟须新的破题之道。

金融业务：挑战比雄心更创造需求

从历史背景看，我国在经济转型过程中，一方面要打破"财政金融""计划金融"，另一方面要建立完善面向市场的新型金融体系，改革的客观需要加上政府供给主导型的强制性企业金融创新模式驱动了金融机构求变的力。

随着改革的深入、人口红利等逐渐消退，体制机制等内部深层次矛盾渐次凸显，金融机构迫切需要将数据红利培育成可持续开采的富矿，为其转型发展提供不竭动力。这面临多方面的挑战。

挑战之一：互联网经济对金融服务模式的改写。过去，人们生产生活中主要依赖的金融工具是纸币/银行卡，无论场景如何变化，金融都保持了相对的超然与独立。形象地说，不管你买柴米油盐抑或金银首饰，乃至重型机械生产设备，支付总是要用纸币、银行卡、票据等，为你提供这些工具的金融机构是不可替代的，场景—工具—网点之间形成了稳固的闭环。

然而互联网经济的崛起改变了这一切，从电商到社交，线上场景的发育成熟都离不开数字化支付手段的支持，而这种支付体系一旦建立，银行等金融机构就逐渐沦为后台服务的提供者。除基本的账户服务外，客户对金融机构实体网点及 App 的依赖大为减少，金融机构不再是交易中不可或缺的活跃节点。一方面，电商平台、第三方支付机构不断挤压传统金融机构的面客空间。中国建设银行前 CFO 许一鸣表示，现在第三方金融支付科技公司"拼命让银行的客户不接触银行"，不仅消费、支付如此，像公司结算支付这样的领域，第三方金融支付科技公司也雄心勃勃希望分一杯羹①。另一方面，各大电商、支付平台也在尝试建立自己的金融生态闭环，例如阿里的支付宝—淘宝/天猫体系，从金融到消费，在同一生态体系中就可以完成，传统金融机构越来越被边缘化。

除了面客渠道被削弱外，更严峻的挑战在于前述金融业务闭环独立性的消亡。金融机构在互联网经济的业务载体——App，挤在一大堆电商、社交、资讯、游戏等程序之间，遵循着互联网的商业逻辑和产品方法，"卑微"地争取客户有限的关注与时间。例如，各银行力推的手机银行 App，往往陷入用户"活跃度不高，粘性不足"的困局。从用户月启动次数来看，一份近期的研究统计显示，无论是国有银行、股份制银行还是城商行，其手机银行 App 平均每月人均启动次数仅两次左右。虽然拥有庞大的用户量，但是各大手机银行 App 的日均活跃量比例相较于用户量处在非常低的水平。②这些冲击

---

① http://finance.sina.com.cn/stock/relnews/hk/2019-03-29/doc-ihsxncvh6589682.shtml.

② https://www.sohu.com/a/275338955_826804?sec=wd.

的并不仅仅是金融机构的当下，随着与客户距离越来越远，沉淀的数据也就越来越差，真正被影响的是金融机构的未来。

挑战之二：疫后经济新常态对利差的挤压。各种分析、诸多迹象都表明，新冠肺炎疫情已经带来了全球性的经济衰退，并且随着疫情的持续及其可能叠加的民粹主义政治冲击、国际产业链分工调整，欧美等主要经济体国内矛盾日益尖锐严重，"黑天鹅"事件出现的不确定性大大增强。甚至可以预见这种衰退的程度将超过2008年，直追1929年。世界银行6月发布的《全球经济展望》中估算，一方面新冠肺炎疫情扩散造成的迅猛而强烈的冲击，另一方面由于防控措施导致的经济停摆，世界经济陷入严重收缩，全球经济今年将收缩5.2%，这将是第二次世界大战以来程度最深的经济衰退。今年也将成为自1870年以来，发生人均产出下降的经济体数量最多的一年。[①]

政府显然不能对此无动于衷，也没有无动于衷，从美联储开始，种种形式的降息"放水"已然开始。在我国，为了稳定生产生活、保障就业，政府更需要竭尽全力维护实体经济，特别是解决了全国八成就业的中小微企业，而其中最有效的方式就是贷款、低息贷款。李克强总理在《政府工作报告》中就明确提出货币政策要更加灵活适度，并强调："综合运用降准降息、再贷款等手段，引导广义货币供应量和社会融资规模增速明显高于去年。保持人民币汇率在合理

---

① https://blogs.worldbank.org/zh-hans/voices/global-economy-hit-deepest-recession-80-years-despite-massive-stimulus-measures.

均衡水平上基本稳定。创新直达实体经济的货币政策工具，务必推动企业便利获得贷款，推动利率持续下行。"[①]

不过随着货币政策的开闸放水，通胀指数必然随之水涨船高。为了有所对冲，居民存款利率不能显著下降，其间的利差收低成本自然由金融系统承受，这从大小金融机构陆续发布的年报也可略见一斑。更棘手的问题在于，一方面我们还不知道这种状态需要持续多久，另一方面利差收窄最终有可能滑落到实际负利率。

挑战之三：数字法币对货币发行机制的冲击。与前两者相比，这一挑战虽还未迫在眉睫，但影响更加深远。银行等金融机构的真正优势在于国家给予的"垄断"（特许经营），而这种特许经营又服务和服从中央银行—商业银行的双层货币发行机制。

而一旦这种发行机制动摇了呢？毕竟它也不是"天经地义"的，背后是精打细算的成本—收益考量。数字法币一旦能够建立起更有效率的发行机制，能够有更好的数据信息收集系统和与之相伴的定价体系，商业银行的衰退和萎缩将是大概率事件。

中国银行原行长、中国互联网金融协会区块链工作组组长李礼辉表示："金融的内核在于中介……数字货币的广泛应用，数字资产市场的降成本、去中介效应，有可能对传统的金融架构造成颠覆性冲击。"金融机构对应的业务可能因市场成本低于金融机构内部成本

[①] http://www.gov.cn/zhuanti/2020lhzfgzbg/index.htm.

而被淘汰，金融中介业务的空间在金融中介的经济职能被淡化的情况下可能被压缩。而商业银行的存款资源以及相应的信贷能力可能因数字货币的应用而被削弱。①

国际货币基金组织副总裁张涛也表示，传统金融业正面临中央银行数字货币的挑战，"个人可以将钱从商业银行的存款转移到中央银行数字货币持有的账户内。反过来，银行可能会感到压力而增加存款利率或者获得更昂贵（且波动较大）的批发资金，这对银行的获利能力造成压力，并可能导致（其）向实体经济提供更高成本或更少的信贷"②。

银行等金融机构的唯一出路在于发挥更有竞争力的作用，而这明显有赖于数据作为生产要素的介入。金融机构需要数据要素市场让手中的数据在市场交易中体现价值，通过扮演数据供给方的角色，金融机构向社会提供数据要素，促进社会经济的发展，在数据交易中获得合理对价。同时，金融数据要素市场的发展带动金融科技的发展，金融科技的发展又能够反哺金融机构，促进金融机构自身转型。此外，数据要素市场的建立意味着数据的双向流通。金融机构也可以通过要素市场获取所需的数据，进一步优化自身业务。

不仅如此，与西方国家由商业银行到中央银行的历史进路不同，

---

① https://finance.sina.cn/forex/hsxw/2019-07-07/detail-ihytcitm0310979.d.html.

② https://finance.sina.cn/blockchain/2020-05-12/detail-iirczymk1205358.d.html?from=wap.

我国改革开放后金融机构发展形象地说是人民银行—国有银行—股份制/城商行、农商行—民营银行。中央银行不仅孵化了金融机构体系乃至监管机构体系，同时也是金融创新实际上最主要的动力源泉，具有很强的业务扩张势能。国内金融机构较之国际同行更应有危机感和紧迫感。

综上，银行等金融机构"躺着挣钱"的美好时代已经一去不复返，迎接未来挑战的关键在于转变粗放经营模式，从而更智慧、更专业，而数据则是实现这一目标的关键。

数据市场：现有机制不能提供有效供给

前面主要讨论了对数据的需求，从供给侧看，也存在不少差距。

差距之一：法律体系基础的不足。熟悉现代经济学的读者都知道，合理的产权界定是经济高效运转的起点。然而很不幸，数据大规模投入生产首先就在这里"掉了链子"。

与日新月异的商场不同，法律是一个保守甚至略带几分僵化的领域，其基本的制度及理论体系自18、19世纪以来就少有变动，与数据相关的民商事权利内容甚至可以追溯到遥远的罗马法时代。这种重所有、轻使用；重静态保护、轻动态流转的法权系统很显然不能支撑数据生产要素市场的运行。

具体到我国，一方面，最基础也是最敏感的公民个人数据权利保护并没有载入宪法，"无恒产者无恒心"，从根本上抑制了数据流通的意愿；另一方面，重刑事、轻民事，重原则、轻具体，民商事法律中少有如何获取、储存、转让、利用的确切指引，大多时候法务人员都是根据自己的理解将法律原则落之实践，这就有了违法的可能与空间。

我国数据要素市场的法律体系基础建设已取得一定成效，但距离真正的完善仍还有很长的路要走。

一方面，自进入大数据时代以来，普通民众对于个人信息保护以及信息尊严的需求就不断高涨。因此，2020年5月通过的《民法典》首先确认了个人数据的人格权性质，专门设立了"隐私权和个人信息保护"一章规定如何保护隐私，并对个人信息的收集、利用进行了限制。

另一方面，数据要素市场的建立离不开对数据"交换权能"的确认。金融机构等企业持有的数据的本质是什么？它们对数据享有什么样的权利？这不仅关乎企业凭什么出让或受让数据，关乎为理论上可被无限复制的数据估计价值，还关乎企业在数据失窃或在数据交易中遇到纠纷时，应当采用何种救济渠道来维护自己的合法利益。

《民法典》回应建立数据要素市场的需求，对如何利用、交换个人数据作出初步规定。例如第一千零三十六条规定，在自然人或者其监护人同意、处理已公开的信息（当事人明确拒绝或侵害自然人重大利益的除外）、为维护公共利益或该自然人合法权益等三种情况下处理个人信息，无须承担民事责任。第一千零三十八条则确认了脱敏数据交易的合法性，确认了数据收集者可以不经本人同意，将"经过加工无法识别特定个人且不能复原的"（即经过数据脱敏的）个人信息提供给他人。

无法否认的是，要想牢牢支撑起数据要素市场，现有的法律体系还远远不够。《民法典》总则编第一百二十七条就规定："法律对数据、网络虚拟财产的保护有规定的，依照其规定。"因此，数据权利在法律上的明确还亟待进一步立法完善。

2020年5月25日，全国人大常委会在工作报告中指出，下一步全国人大常委会将"围绕国家安全和社会治理，制定个人信息保护法、数据安全法等"[1]。有关数据的立法还需稳步推进。

差距之二：市场交易机制的薄弱。所谓生产要素市场，是相对产品市场而言的，两者的差别粗看上去只是种类的不同，但更深层次的区别在于市场交易机制。简单来说，就是生产要素市场不能直接套用产品市场的制度安排，更何况还是数据这种新型要素。就拿交易的起点——确权来说，无论是土地、资本等生产要素，还是口

---

[1] http://www.xinhuanet.com/politics/2020lh/2020-05-25/c_1126030208.htm.

罩、手机等产品，其权利归属是清晰的，也就不难再进行流转与交易。但数据呢？不管是作为源头的个人，还是进行加工的企业，甚至代表公益的国家都可以主张权利，但又不能完全排除其他主体的权利主张，归属都不明确，又遑论其他？

数据确权正如前文所述，法律基础体系的不完备导致数据确权存在困难。企业只能利用《反不正当竞争法》中的商业秘密条款或《著作权法》来保护自己的数据，而数据权利归属不统一又导致难以评估数据资产价值，更不能给交易各方安全感。我们都认可的是，数据持有人对数据拥有一定的财产性权利。这种权利，我们暂且称其为"数据权"，在法律上的定性还比较模糊。在观察数据要素交易时，我们在潜意识里似乎自动地将交易的标的——数据——拟制为一种"交易物"，将产品市场的交易规则投射到数据交易中来。但是，传统的法学观点认为，数据不是物，数据权不是物权。数据是通过比特存储、表达的抽象信息，既不属于像桌子、椅子一样的有形物，又不属于像电力、热力一样的无形物。物权的客体——物的性质决定了物权具有绝对性、排他性的特征，进而决定了物权人可以方便地排除一个物上冲突的其他物权或者排除他人的非法妨害。虽然各个数据持有人都希望数据权受到像物权一样的保护，但现阶段数据具有的可复制、难以特定化的特点，让直接适用物权法进行保护的路径显得较为艰难。但是，如果日后通过区块链等技术能够补足数据容易被复制、难以确定归属的短板，将数据拟制为物权进行保护也并非不可能。现在，数据交易市场的各方尝试利用区块链等技术进行数据确权。例如，贵阳大数据交易所表示，他们已发布《大数据交易区块链技术应用标准》，推动区块链技术在大数据交易产业的广泛应用，正"基于区块链技术推动数据确权、数据溯源"。

在现行法律下，数据又不是一种单独的知识产权（所谓单独的知识产权，是指与著作权、商标权、专利权等并列的一种权利）。数据与知识产权的客体在性质上十分接近，从学术界目前最具影响力的知识产权客体说来看，将数据纳入知识产权法体系进行保护有一定的合理性。若采取"知识产品说"，认为知识产权的客体是"知识产品（或称智力成果），是一种没有形体的精神财富"，则正好与数据的抽象性契合；若采取"利益关系说"，认为"知识产权的客体是指基于对知识产权的对象的控制、利用和支配行为而产生的利益关系或社会关系"[1]，则与学界公认的"数据权法益说"不谋而合。在难以解决数据权属特定化的问题时，采取知识产权路径保护数据权不失为一条捷径。但是，相比于一般的知识产权侵权，例如模仿驰名商标、抄袭作品并发表、未经许可生产他人的专利产品等行为，侵犯他人数据权显得更加隐蔽。数据权属人如果做到将本应排他性交付给A银行的数据重复出让给B、C银行，A银行利用该数据所产生的利益可能会因此减损，其合法权益在不知不觉中可能就会遭受损害，

---

① 何敏：《知识产权客体新论》，《中国法学》2014年第6期。

且这种损害难以衡量具体数值，举证、索赔都会面临一系列的问题。总而言之，在大力发展数据确权技术的基础上，将数据的法律属性更加明晰是必要的。不然，数据作为生产要素进行交易也就无从谈起了。

我们还应该看到，包括数据在内的生产要素市场的完善事关社会主义基本经济制度。从历史经验来看，事关国民经济发展方向、经济运行整体态势的重要稀缺资源，在其发展早期并不适合私营经济主导。随着互联网经济的发展，已经有越来越多的声音在质疑"数据垄断"，部分企业甚至宁可自己不能充分利用数据也不让它成为滋养竞争对手（现实的和潜在的）成长的资粮。

对于"数据垄断"，光靠传统的竞争法以"堵"来治理已经难以达到良好效果。

无论是对于立法机关还是反垄断执法机关，将"数据垄断"纳入竞争法体系之下进行规制的尝试从未停止：2019 年颁布施行的《电子商务法》规定，"电子商务经营者因其技术优势、用户数量等因素而具有市场支配地位的，不得滥用市场支配地位，排除、限制竞争"；而国家市场监管总局《禁止滥用市场支配地位行为暂行规定》更是将"掌握和处理相关数据的能力"纳入认定互联网等新经济业态经营者具有市场支配地位的一个因素。但事实上，这样的尝试并没有脱离传统竞争法的定式思维。传统竞争法诞生于大工业时代，面对的是实体商品生产、销售者和传统的服务提供者，采用的是"界定相关市场—确定市场支配地位—确定滥用市场支配地位的行为"三步走模式。这样的模式在大数据时代,对于所谓"数据垄断"的行为,相关市场难以界定,且市场支配地位边界模糊,传统竞争法在一定程度上已经"水土不服"。这也是为什么奇虎诉腾讯"3Q大战"案中,法院出乎常人意料地认定"腾讯QQ"不占有市场支配地位。学者坦言,当今"数字平台"式垄断光靠《反垄断法》难以解决。

"数据垄断"事实的存在以及传统竞争法规制手段的"水土不服"客观呼唤着要素市场新交易机制的创设。可以考虑的是通过市场交易机制让数据持有者收获实在好处,用"疏"的手段让数据要素真正自愿地流动起来,打破数据要素市场主体各方的零和博弈思维。

差距之三:政务数据共享乏力。从市场需求来看,政务数据权威高、质量好,且大多居于生态场景的上游,真正意义的数据闭环唯有政务数据的接入才能宣告圆满。政府掌握着80%以上的数据资源,不加以充分利用,就会造成巨大的资源浪费。通过数据共享,充分开发应用政务大数据,会产生新的价值,可以让"沉睡"的政府数据大大增值。[①]然而政务数据真正应用于生产也有不少困难。

中央层面一直将政务数据共享作为重点工作来抓。习近平总书记在多个场合强调了政务数据共享的重要性。2016年10月9日,习近

① http://theory.people.com.cn/big5/n1/2017/0612/c40531-29333154.html.

平主持十八届中共中央政治局就实施网络强国战略进行第三十六次集体学习时发表重要讲话强调要让百姓少跑腿，让数据多跑路："我们要深刻认识互联网在国家管理和社会治理中的作用，以推行电子政务、建设新型智慧城市等为抓手，以数据集中和共享为途径，建设全国一体化的国家大数据中心，推进技术融合、业务融合、数据融合，实现跨层级、跨地域、跨系统、跨部门、跨业务的协同管理和服务。"①2019年10月24日，在主持十九届中共中央政治局第十八次集体学习时，习近平总书记强调，要"实现政务数据跨部门、跨区域共同维护和利用，促进业务协同办理，深化'最多跑一次'改革，为人民群众带来更好的政务服务体验"②。而国务院早在2015年9月发布的《促进大数据发展行动纲要》就将"加快政府数据开放共享，推动资源整合，提升治理能力"作为主要任务之一，计划"到2018年，中央政府层面实现数据统一共享交换平台的全覆盖，实现金税、金关、金财、金审、金盾、金宏、金保、金土、金农、金水、金质等信息系统通过统一平台进行数据共享和交换。2018年底前，建成国家政府数据统一开放平台。2020年底前，逐步实现信用、交通、医疗、卫生、就业、社保、地理、文化、教育、科技、资源、农业、环境、安监、金融、质量、统计、气象、海洋、企业登记监

---

① http://www.gov.cn/zhengce/2017-08/31/content_5221708.htm.

② http://paper.people.com.cn/rmrbhwb/html/2019-10/26/content_1952533.htm.

管等民生保障服务相关领域的政府数据集向社会开放"①。继2018年1月26日国务院办公厅印发了《国务院部门数据共享责任清单(第一批)》后,2018年6月10日国务院办公厅印发的《进一步深化"互联网+政务服务"推进政务服务"一网、一门、一次"改革实施方案》再次强调,要"建立完善全国数据共享交换体系,加快完善政务数据资源体系,遵循'一数一源、多源校核、动态更新'原则,各级政府要构建并完善政务数据资源体系,持续完善数据资源目录,动态更新政务数据资源,不断提升数据质量,扩大共享覆盖面,提高服务可用性"②。

过去我们批评互联网企业、商业银行,"数据烟囱"总是必不可少的一件,这个问题在政府部门同样存在。并且随着中央对数据重要性的强调,各部门、各地方也越来越多地把数据看作事权与资源,这在促进部门内、地方内数据工作开展的同时,反过来又加剧了彼此的藩篱。另外,由于各部门、各地方对数据管理软(制度)硬(设备)件资源的不同,拆除藩篱互联互通也有待时日。

例如,在大数据和智慧政务走在全国前列的杭州市,全市共有61个市一级部门和34个市直属企事业单位,建有信息系统899个、数据库627个、数据库表达60多万张。在浙江省推进"最多跑一次"改革前,浙江省杭州市的市级部门的这899个系统、627个数据库,

---

① http://www.gov.cn/zhengce/content/2015-09/05/content_10137.htm.

② http://www.gov.cn/zhengce/content/2018-06/22/content_5300516.htm.

彼此之间互不联通。即使是同一部门内，也是如此，例如"人社、城管等大部门，自身30多套系统之间信息也不能完全共享"，这导致了群众办事要跑多个部门开多个证明。①

这只是政府内部的整合，具体到与企业的交互，一方面，工作本就繁重，往往是不同企业不同政府部门不同接口、设备、标准的各种交互，在其中还有合法、安全的重重顾虑。

学者在分析浙江的"最多跑一次"改革时就指出，改革在深入推进过程中遇到各种深层次的障碍主要源于两点，一是制度，二是技术。具体来说，一是来源于顶层设计和制度束缚，在现有法律框架内，有些改革举措存在诸多风险，有些现有政策与流程和事项办理的改革互相之间存在冲突；二是面临技术瓶颈和数据共享难题，例如改革过程中遇到的数据孤岛、既有信息化系统不能适应改革实践、政府部门之间的数据安全可靠共享尚不能完全实现等。②

另一方面，政府部门也需要建立科学有效的激励约束机制，不能单纯以为有政策就必然自动执行。例如，在黑龙江省，政务信息共享不仅存在"互联网、政务网、各类专网之间相互封闭，共享交互困难""缺乏统一标准""缺乏技术服务体系""支撑保障能力不足"等技术壁垒，"部门间职能、权限界限分明，利益再分配"也给

---

① https://web.dskb.co/news/posts/67481.

② 易龙飞、钱泓澎."最多跑一次"改革背景下政务数据共享机制建设［J］.浙江树人大学学报（人文社会科学），2019（6）。

政务信息共享创新带来巨大阻力。①

落地路径：建立新型机制盘活要素交易

贯彻《意见》的精神，数据作为生产要素要真正在金融领域发挥作用，关键还在于有的放矢的制度创设，建立适合其内在需求和发展规律的交易机制。

这不禁让人想到贵阳大数据交易所。自2015年4月14日挂牌运营以来，该交易所在数据交易品类上已涵盖包括金融数据在内的三十多个领域，四千余个产品，累计交易额更是超过了4亿元。考虑到其深处西南边陲，经营的又是崭新产品，能有如此成果实属不易。

然而这并不符合市场的预期，甚至也落后于当年的自我期许。俗话说，"退潮了才知道谁在裸泳"。在大数据交易平台井喷的2015年，各个机构对数据交易行业的预期较为乐观。例如，贵阳大数据交易所在其发布的《2016年中国大数据交易白皮书》中曾预计，全国年度大数据交易规模将以70%—90%的速度高速增长，预计2019年将

---

① 黑龙江省省级政务信息资源共享建设研究，于海滨.科技传播［J］.2019（11期）。

达到374.94亿元，2020年全国年度大数据交易规模将达到545亿元。[①]
但随着"大数据热"缓慢降温，一些交易所已经销声匿迹，而大多
数交易所的规模也不如预期。就贵阳大数据交易所本身而言，5年累
计4亿元交易规模的成绩似乎不算一份满意的答卷。

这一结果的出现，一方面固然可归咎于法制环境等外部因素，
但更重要的恐怕是市场机制嫁接的水土不服。考察数据市场特别是
金融数据市场需求方的痛点和供给侧的掣肘，这一领域并非搭建一
个公共平台就万事大吉。如果没有强有力的引导，数据交易市场很
容易异化为信息公示平台。

展开来说，在事关基本经济制度、法制基础薄弱且具有较强外
部性的金融数据市场，目前所需要的商业模式似乎更像京东、苏宁
而非淘宝、拼多多，更需要有主体像供销社一样先进货（数据）再
售出，需要有政府认可和自身专业性背书的质量控制体系和合法交
易流程，能够掌控上下游供应链。这就需要包括交易所，以及为交
易服务的律所、会所、行业自律组织和公共研发平台、研发机构在
内的各种社会服务机构切实发挥作用。

如何发挥作用？当下的关键是拿到"第一桶金"和搭建可信交
易机制。"第一桶金"指的是社会服务机构利用在政务数据以及水电
煤气等公共服务数据领域具有的天然优势，率先盘活数据要素市场，

---

① 贵阳大数据交易所：《2016年中国大数据交易白皮书》，第49页。

将现在难以进入市场作为生产要素流动的政务数据等蕴含高价值的数据盘活、变现。如前所述，政务数据共享的制约一是整合尚需时日，二是缺乏激励机制。而社会服务机构突出"使用"，并不有待于政府内部数据整合的完成，而是以市场需求为导向"现用现收"；另外，社会服务机构对政务数据的使用也不是无偿，而是可以根据其价值创造对提供单位予以反馈。

搭建可信交易机制同样重要。机制的搭建首先需要一系列安全技术包括分布式架构、多方安全计算等的采用，但更重要的是社会服务机构角色作用的发挥。一方面，社会服务机构具有公益性，企业不必担心其业务竞争，政府也更放心与其交互；另一方面，社会服务机构还可以代表行业参与完善数据交易的法制与市场环境，协助打造公共基础设施。最关键的是社会服务机构可以扮演类似数据"托管人"的角色，大家都通过它进行交易，一定程度上可避免确权不清的争议与纠纷。

目前，国内比较常见的数据交易方式包括API、数据包、云服务、解决方案、数据定制服务以及数据产品①。总的来说，上述交易方式主要可以分为"提供数据类"和"提供衍生服务类"两种类型。

"提供数据类"包括数据包、API、云服务和数据定制服务。API、

---

① 王卫、张梦君、王晶.国内外大数据交易平台调研分析，情报杂志，2019。

数据包、云服务以及数据定制服务为数据需求方提供的是数据，需求方获得数据后可以根据自己的需要对数据进行分析、处理。

数据包以离线的方式提供数据，数据包可以是原始数据，也可以是运用一定的技术手段处理之后的数据。在数据交易中，数据包交易是与传统的产品交易最为类似的一个交易类型。

API，即应用程序接口，以在线的方式提供数据。例如，京东万象数据交易平台推出的"银行卡四要素鉴权"就是典型的API型数据。购买者将姓名、身份证号、手机号、银行卡号四项数据发送到京东万象或合作方指定的接口地址，该接口就会返回一致或不一致的鉴定结果。类似的还有发送姓名、身份证号获得查询对象是否为失信被执行人的信用信息服务等。

所谓云服务是基于互联网相关服务的增加、使用和交互，通常是通过互联网来提供实时的、动态的资源。因为提供的数据最为实时、动态，云服务能够保证数据的时效性。

数据定制服务则是发挥社会服务机构角色优势的关键交易模式。数据定制服务是指，如果在交易平台上没有满足数据需求方需要的数据，则需求方可以向交易平台反馈自己的需求，交易平台确认该需求后，利用相应的技术有针对性地去采集或请求相应机构采集数据，以满足用户的需求并可能获取一定报酬。数据定制能够满足数据需求方的个性化需求，在政府部门等掌握高价值数据却缺乏能动性进行挖掘的情况下，数据定制能够起到外部敦促和推进的作用。

"提供衍生服务类"则通常包括提供解决方案和提供数据产品，属于数据交易的非核心类别。解决方案和数据产品是数据的增值，直接为需求方提供满足其需求的分析结果或者数据产品，侧重对数据的应用。解决方案是指在特定的情景下，利用已有的数据，为需求方提供处理问题的方案，比如数据分析报告等；数据产品主要是对数据的应用，比如数据采集的系统、软件等。

在数据交易行业起步阶段，各家数据交易的社会服务机构纷纷制定了自己的交易标准和交易规则。例如，贵交所有《贵阳大数据交易观山湖公约》，上海大数据交易中心有《数据互联规则》《个人数据保护原则》《流通数据处理准则》《交易要素、标准体系》《流通数据禁止清单》等。将具有行业共识的交易规则进行总结、归纳，推进和完善数据要素交易相关的统一国家标准的制定，最终将一些基础性的、强制性的要求正式纳入法律，这将在很大程度上有益于建立一个可信的交易机制。

现在，国家市场监督管理总局和中国国家标准化管理委员会已经累计出台三项有关数据交易平台的国家标准。其中2019年8月30日制定的标准已经于2020年3月1日生效，它们分别是《信息技术 数据交易服务平台 通用功能要求》（以下简称《通用功能要求》）和《信息安全技术 数据交易服务安全要求》（以下简称《安全要求》）等。《通用功能要求》规定了一个数据交易平台的通用功能框架，其中规定，用户管理、交易管理、平台管理和数据脱敏的基础技术支撑为基本要求的功能，而将各种开发测试环境、数据应用和数据工具交易功能、数据存储、数据共性服务支撑、数据应用/数据工具运行环境继承、数据接口等作为扩展要求的功能。《安全要求》则对数据交易各方在交易全过程内提出了安全要求。首先是要求数据交易参与方，包括数据供方、数据需方和数据交易服务机构满足一定的安全要求。其次，对交易的标的——数据做出要求，包括规定了禁止交易的数据、对数据质量的要求、个人信息和重要数据的安全保护要求等。最后，对从交易申请到交易的磋商、实施和结束的数据交易各个阶段也有具体的安全要求。[①]

具体到落地机制方面，可考虑采取"实验室+产品化"的实现路径。即结合一个个具体的业务类型和交易场景，在投入真实生产之前，先在实验室环境中测试数据交互的可行性、稳定性、合法性等，并将其解决方案产品化。同时针对每一类产品具体的数据收集、存储、利用、转让等，邀请数据方、技术方、场景方、监管方与行业专家等共同订立实施细则或作业标准（行标或团标），其成熟与否作为产品投放市场的前提条件。

2019年12月5日，北京市地方金融监督管理局宣布，北京市在全国率先试点金融科技"监管沙箱"，进一步落实《国务院关于全面

---

① GB/T 37728-2019，信息技术、数据交易服务平台、通用功能要求；GB／T 37932-2019信息安全技术数据交易服务安全要求。

推进北京市服务业扩大开放综合试点工作方案的批复》。金融行业对于数据和信息本身就是高度敏感的。涉及金融的数据要素交易在内的各种金融科技，使用的技术新、概念新、现有标准模糊，违规风险不可控。在培育金融领域数据要素市场时，我们也应当将"一面风险可控、一面鼓励创新"作为倡导方向。在今后一段时间内，通过类似"监管沙箱"的方式对各种新金融科技进行试点，可谓是大势所趋，确实也是实现风险可控的可行办法。正所谓"路漫漫其修远兮"，金融领域数据要素市场的培育绝非一朝一夕，国家的利好政策，唯有落到实处，才能真正发挥有利于国家经济和金融行业发展的作用。

第四章

数据要素与数字
经济的未来

数据要素拓展的生产与效用空间

数据生产的高成本和使用的低成本具有对外排他性和非竞争性使用的双重属性，表现出俱乐部产品的特点。从古至今，数据生产体系经历了重大变革。原有的数据生产是由专业知识团体开展的专业活动，从记账符号开始，形成了记账层级体系。互联网革命彻底转变了原有的生产体系，数据的规模使用促进了数据的大发展。人人开始参与数据生产和数据使用，每个人或企业都自动成为网络中的数据标识，互动数据的生产关系打破了分层化的生产体系，数据的大规模生产和使用成就了数据的指数化生产与使用，数据成为生产的新要素。物理世界引进了信息，"麦克斯韦之妖"的思想实验推动了"智能"识别的产生，导致"熵减"，维护了秩序。同样，数据要素介入经济生活中，它的意义已经超过了单一的生产要素投入，

作者系中国社科院经济研究所研究员，国家金融与发展实验室副主任。

把新的"智能"带入了物质世界和人的意识活动中。

数据要素不是简单地拓展物质生产空间，作为信息，它还智能化拓展生产体系和消费者的效用空间，即拓展非物质空间。随着人们收入的不断提高，物质消费占比不断下降，服务业消费占比逐渐提高，这是基本的需求规律。新的效用评价一是在时间价值维度纳入新的衡量角度，二是将新的思维空间纳入效应衡量中。服务业具有规模递减特征，从产业升级的角度来看，产业升级从农业到制造业再到服务业以及服务业的再升级：体验—互动经济，进一步到达知识—智慧经济等。人类的产业升级将逐步脱离对物质世界的依附，不断升级到人的精神发展层面。数据要素的加入正是基于此，促进新旧产业改造和再升级。一方面，数据化改变传统制造业，奠定物联网基础。另一方面，服务业基于数据化进行全球贸易改造，更重要的是通过互联网的互动过程不断形成新的知识与智慧，推动产业向体验—互动经济升级，进一步迈向知识—智慧经济。

数据作为新的活跃要素不断促进消费者脑空间的拓展。新的生产体系和效用体系不仅局限于"边际效用递减"的一般物品和服务规律，更开启新效用空间，扩宽人类"边际效用递增"的新思维需求空间和与之配套的生产空间，迈向产业升级。从下图可以看出，我们现有的需求只存在实坐标中，还有三个"象限"没有开拓，更不用提"象限"组合了。现在，增强现实技术（AR）等大量体验-活动的技术开发的目的就在于拓展我们的思维模式。而AI的智能化发展也在拓展物质智能，即自动应答。

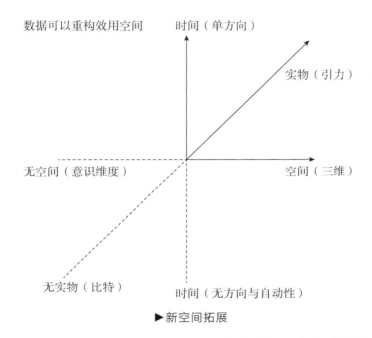

▶新空间拓展

　　基于数据的战略思维是：中国不仅要依据数据扩张物质世界，更需要依托数据扩张非物质世界。物质世界具有三个思维维度，一是重力思维，世界具有物质性；二是三维空间思维，空间确定；三是单向时间思维，有一个固定走向。未来基于数据开拓的三个非物质的虚拟维度，第一是无重力的非物质状态，即比特世界，具象可呈现但非物质；第二是非三维空间，增加了意识维度等多维空间，如梦的多层次通过任意多维度进行三维投影嵌套；第三是时间的非单向性和自动应答性。新的三维与物质老三维，拓展了至少三倍以上的市场与生产空间组合。这是数据要素对传统生产与效用空间的颠覆与拓展。

现实产业改造中，中国最具潜力的发展是基于数据的服务业改造，从不可贸易部门转变为不需要任何物流的完全可贸易部门，如金融、知识产权、教育、远程医疗、视频会议等。因此，数字化将实现服务业的可贸易，有助于我国服务业规模化发展，提升中国服务业的全球竞争力水平，而基于数据转型的服务业也将进一步推动中国经济增长。

未来的技术进步一定要沿着新的生产性质而改变。新的生产性质从为物质变到为人的全面发展服务：（1）节约人的劳动时间，如AI；（2）提升人的单位时间消费质量，如脑科学、教育、AR、体育、表演等；（3）延长人的寿命，如医疗、制药；（4）可持续性发展与社会责任承担，如绿色发展成为生产和生活方式的标准；5）重新定义人的关系网络，如移动互联网、区块链等交互式链接关系。

数据要素是中国立足未来全球化竞争能力的根本能力，而不仅是简单的物质能力。数据作为生产要素和效用要素的新拓展，需要一组制度层面的相应改革，如知识产权、隐私计算、数据资产认证、公共治理、人的关系按互联网或区块链定位等领域的相关改革。缺少相应的制度体系，没有人的广泛参与或者治理，数据很难作为新生产要素拓展生产和效用空间，数据要素也会因体制问题束缚于物质世界，不能发挥全新的竞争力。

如何建立合规有效的数据要素市场

邹传伟

2020年4月9日，中共中央、国务院发布《关于构建更加完善的要素市场化配置体制机制的意见》，首次将数据与土地、劳动力、资本、技术等传统要素并列为要素之一，提出要加快培育数据要素市场，包括推进政府数据开放共享、提升社会数据资源价值与加强数据资源整合和安全保护等三方面工作。

数据作为要素是一个新命题，有大量前沿问题需要研究。在文献中，相关问题归属于数据经济（Data Economy）范畴。数据经济指数据收集、组织、使用、分享、流转和管理等活动组成的经济生态。剑桥大学研究报告《数据的价值》对数据经济的理论、实践和政策问题进行了全面综述。李小加提出组建数据要素产业化联盟，梳理数据经济中八方面的重要问题。于施洋等分析了我国深化数据要素

作者系万向区块链公司首席经济学家。

市场化配置面临的挑战，提出搭建公共平台、完善市场条件、研究配套政策、推动协同联动、优化市场结构等方面的政策建议。从国内外研究来看，数据经济是一个方兴未艾的领域，并且学术研究略显落后于行业和监管实践，有不少新概念、新问题和新机制值得梳理。

一、数据要素的技术和经济学特征

（一）数据的技术特征

什么是数据？

与通常认为的不同，这是一个信息科学中基本但复杂的问题，没有显而易见的答案。对数据的理解离不开对信息和知识等相关概念的辨析。Ackoff提出了DIKW模型（见下图），D指数据（Data），I指信息（Information），K指知识（Knowledge），W指智慧（Wisdom）。DIKW模型在信息管理、信息系统和知识管理等领域被广泛使用，不同研究者从不同角度给出不同解释，Rowley对此展开过相关阐释。

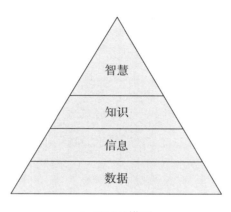

▶DIKW模型

第一，智慧、知识、信息和数据之间依次存在从窄口径到宽口径的从属关系。从数据中可以提取信息，从信息中可以总结知识，从知识中可以升华智慧。这些提取、总结和升华都不是简单的机械过程，而需要依靠不同方法论和额外输入（比如应用场景和相关学科的背景知识）。因此，尽管信息、知识和智慧属于数据的范畴，却是"更高阶"的数据。

第二，数据是观察的产物。观察对象包括物体、个人、机构、事件以及它们所处的环境等。观察是基于一系列视角、方法和工具进行的，并伴随着相应的符号表达系统，如度量衡单位等。数据就是用这些符号表达系统记录的观察对象特征和行为的产物。数据可以采取文字、数字、图表、声音和视频等形式。在存在形态上，数据有数字化的（Digital），也有非数字化的（比如记录在纸上）。但随着信息和通信技术（ICT）的发展，越来越多的数据被数字化，在底

层表示为二进制。

第三，数据经过认知过程处理后得到信息，给出关于谁（Who）、什么（What）、何处（Where）和何时（When）等问题的答案。信息是有组织和结构化的数据，与特定目标和情景有关，因此有价值和意义。比如，根据信息论，信息能削减用熵（Entropy）度量的不确定性。

第四，与数据和信息相比，知识和智慧更难被准确定义。知识是对数据和信息的应用，给出关于如何做（How）的答案。智慧则有鲜明的价值判断意味，在很多场合与对未来的预测和价值取向有关。

一般而言，数据的技术特征主要包括以下维度：

- 数据涉及的样本分布、时间范围和变量类型等。

- 数据容量，比如样本数、变量数、时间序列长度和占用的存储空间等。

- 数据质量，比如样本是否有代表性，数据是否符合事先定义的规范和标准，观察的颗粒度、精度和误差，以及数据完整性（比如是否有数据缺失情况）等。

- 数据的时效性。鉴于观察对象的特征和行为可以随时间变化，数据是否还能反映观察对象的情况？

- 数据来源。有些数据来自第一手观察，有些数据由第一手观察者提供，还有些数据从其他数据推导而来。数据可以来自受控实验和抽样调查，也可以来自互联网、社交网络、物联网和工业互联网等。数据可以由人产生，也可以由机器产生。数据可以来自线上，也可以来自线下。

- 数据类型，包括是数字化还是非数字化的，是结构化还是非结构化的，以及存在形式（文字、数字、图表、声音和视频等）。
- 不同数据集之间的互操作性和可连接性，比如样本 ID 是否统一，变量定义是否一致，以及数据单位是否一致等。
- 是否为个人数据。个人数据在隐私保护上有很多特殊性，需要专门讨论。

（二）数据的经济学特征

与数据的技术特征相比，数据的经济学特征要复杂得多。数据可以产生价值，因此具有资产属性。数据的资产属性兼有商品和服务的特征。一方面，数据可存储、可转移，类似商品。数据可积累，在物理上不会消减或腐化。另一方面，很多数据是无形的，类似服务。

与此同时，数据作为资产具有很多特殊性，如下表所示：

公共产品、准公共产品和私人产品的分类

	排他性的	非排他性的
竞争的	私人产品	公共资源
非竞争的	俱乐部产品	公共产品

非竞争性指的是，当一个人消费某种产品时，不会减少或限制其他人对该产品的消费。比如，阳光和空气。换言之，该产品每增加一个消费者，所带来的边际成本约等于0。大部分数据可以被重复使用，并不会降低数据质量或容量，并且数据可以在同一时间被不同人使用，因此具有非竞争性。

非排他性指的是，当某人在付费消费某种产品时，不能排除其他没有付费的人消费这一产品，或者排除的成本很高。很多数据是非排他性的，比如天气预报数据。但通过技术和制度设计，有些类型的数据有排他性。比如，一些媒体信息终端采取付费形式，只有付费会员才可以阅读。

根据上表，很多数据属于公共产品，可以由任何人为任何目的而自由使用、改造和分享。比如，政府发布的经济统计数据和天气预报数据。一些数据是俱乐部产品，比如前面提到的收费媒体信息终端。大部分数据是非竞争性的，因此属于私人产品和公共资源的数据较少。在上表中，公共资源和俱乐部产品也被合并称为准公共产品。数据一般作为公共产品或准公共产品而存在。

数据的所有权不管在法律上还是在实践中都是一个复杂问题，特别是涉及个人数据时。数据容易在未经合理授权的情况下被收集、存储、复制、传播、汇集和加工。并且伴随着数据的汇集和加工，会产生新数据。这使得数据的所有权很难界定清楚，也很难被有效保护。在互联网经济中，互联网平台记录了用户的点击、浏览和购物历史等非常有价值的数据。尽管这些数据描述了用户的特征和行为，但不像用户个人身份信息那样由用户对外提供，很难说由用户所有。这些由互联网平台记录和存储的数据与用户的隐私和利益息息相关，又很难任由互联网平台在用户不知情的情况下使用和处置，所以互联网平台也不拥有完整产权。因此，在隐私保护中，需要精巧地界定用户作为数据主体以及互联网平台作为数据控制者的权利，密码学技术可以在权利界定中发挥重要作用。

很多文章把数据比喻成新经济的"石油"。这个比喻实际上不准确。"石油"是典型的私人产品，具有竞争性和排他性，产权可以清楚界定，并形成了现货市场和期货市场等复杂的交易模式。作为公共产品或准公共产品，很多数据难以清晰界定所有权，进而难以有效参与市场交易。因此，把数据比喻成阳光更为合适。

二、数据价值的内涵和计量

（一）数据价值的内涵

根据DIKW模型，从数据中提炼信息、知识和智慧，这隐含着数据价值链的概念。原始数据经过处理并与其他数据整合后，再经分析形成可行动的洞见，最终由行动产生价值。

数据价值可以从微观和宏观两个层面理解。在微观层面，信息、知识和智慧既可以满足使用者的好奇心（即作为最终产品），更可以提高使用者的认知，帮助他们更好做出决策（即作为中间产品），最终效果都是提高他们的效用。数据对使用者效用的提高，就反映了数据价值。在宏观层面，信息、知识和智慧有助于提高全要素生产率，发挥乘数作用，这也是数据价值的体现。

微观层面的数据价值，有以下关键特征。

1.同样的数据对不同人的价值可以大相径庭

第一，不同人的分析方法不一样，从同样的数据中提炼的信息、知识和智慧可以相差很大。比如，在科学史上，很多科学家深入研究一些大众习以为常的现象并做出了重大发现。牛顿对重物落地的研究，富兰克林对闪电的研究，拉曼对海水颜色的研究，与普罗大众对自然现象的直观认识有很大差异。再比如，在经济学中，不同的经济学家对同样的经济数据经常做出不一样的解读。

第二，不同人所处的场景和面临的问题不一样，同一数据对他们起的作用也不一样。同一数据，对一些人可能是垃圾，对另一些人则可能是宝藏。比如，考古发现对历史研究者的价值很大，但对金融投资者则很可能没有价值。

另类数据（Alternative Data）包括个人产生数据、商业过程数据和传感器数据等。这些数据能帮助投资者做投资决策，但对非金融投资者则没有太大价值。不同的人可以在不同时间维度上使用数据，比如有评估过去的，有分析当前的，有预测未来的，也有做回溯测试的。使用目的不同，对数据的要求不一样，同一数据就意味着不同价值。

第三，不同制度和政策框架对数据使用的限定不一，也会影响数据价值。换言之，数据价值内生于制度和政策。比如，不同国家对个人数据的保护程度不一，个人数据被收集和使用的情况以及产生的价值在国家之间有很大差异。我国排名靠前的互联网平台基于用户行为数据推出了在线信贷产品，这在其他国家则不常见。

2.数据价值随时间变化

第一，数据有时效性。很多数据在经过一段时间后，因为不能很好反映观察对象的当前情况，价值会下降。这种现象称为数据折旧。数据折旧在金融市场中表现得非常明显。比如，一个新消息在刚发布时可以对证券价格产生很大影响，但等到证券价格反映这个消息后，它对金融投资的价值就急剧降到0。在DIKW模型中，将数据提炼为信息、知识和智慧，并且提炼层次越高，就越能抵抗数据折旧。

第二，数据有期权价值。新机会和新技术会让已有数据产生新价值。在很多场合中，收集数据不仅是为了当下的需求，也有助于提升未来的福利。

3.数据会产生外部性

第一，数据对个人的价值称为私人价值，数据对社会的价值称为公共价值。数据如果具有非排他性或非竞争性，就会产生外部性，并造成私人价值与公共价值之间的差异。这种外部性可正可负，没有定论。

第二，数据与数据结合的价值，可以不同于它们各自价值之和，是另一种外部性。但数据聚合是否增加价值，也没有定论。一方面，可能存在规模报酬递增情形，比如更多数据更好地揭示了隐含的规律和趋势。另一方面，可能存在规模报酬递减情形，比如更多数据引入更多噪声。但总的来说，数据容量越大，数据价值不一定越高，数据内容也很重要。

（二）数据价值的计量

1.绝对估值

鉴于数据价值的三个关键特征，数据的绝对估值较为困难，现下还没有公认方法。目前行业实践中有几种主要方法，但都有缺陷。

第一，成本法，也就是将收集、存储和分析数据的成本作为数据估值基准。这些成本有软件和硬件方面的，也有知识产权和人力资源方面的，还有因安全事件、敏感信息丢失或名誉损失而造成的或有成本。数据收集和分析一般具有高固定成本和低边际成本特征，从而具有规模效应。成本法尽管便于实施，但很难考虑同样的数据对不同人、在不同时间点以及与其他数据组合时的价值差异。

第二，收入法，也就是评估数据的社会和经济影响，预测由此产生的未来现金流，再将未来现金流折现到当前。收入法在逻辑上类似公司估值中的折现现金流法，能考虑到数据价值的三个关键特征，在理论上比较完善，但实施中则面临很多障碍。一是对数据的社会和经济影响建模难度很大。二是数据的期权价值如何评估。实物期权估值法是一个可选方法，但并不完美。

第三，市场法，也就是以数据的市场价格为基准，评估不在市场上流通的数据的价值。市场法类似股票市场的市盈率和市净率估值方法。市场法的不足在于，很多数据是非排他性或非竞争性的，

很难参与市场交易。目前,数据要素市场有一些尝试,但市场厚度和流动性都不够,价格发现功能不健全。

第四,问卷测试法。这个方法主要针对个人数据,通过问卷测试个人愿意出让或购买数据的价格期望,从而评估个人数据的价值。这个方法应用面非常窄,实施成本较高。

2.相对估值

数据相对估值的目标是,给定一组数据以及一个共同的任务,评估每组数据对完成该任务的贡献。与绝对估值相比,相对估值要简单一些,特别是针对定量的数据分析任务。

数据相对估值可以使用 Shapley 值。该指标于 1953 年由 Lloyd Shapley(2012 年诺贝尔经济学奖得主)在研究合作博弈时引入。数据相对估值说明,同一数据在用于不同任务,使用不同分析方法,或与不同数据组合时,体现出的价值是不同的。特别是,偏离数据集合"主流"的数据,在相对估值上可能比靠近数据集合"主流"的数据高,这显示了"异常值"(Outlier)的价值。

三、数据要素的配置机制

在现实中,数据有多种类型和不同特征,相应产生了不同的配置机制。因为很多数据不适合参与市场交易，很多配置机制不属于市场交易模式。换言之，市场化配置不等于市场交易模式。

这些机制都致力于解决数据要素配置中的两个突出问题。

第一，信息不对称。数据要素配置机制涉及多个利益不一致的参与方。比如，数据主体往往不清楚自己的数据在何时、因何目标或有何后果而被收集。数据生产者不清楚数据主体是否选择性披露数据，以及在知道自己的数据被收集时是否会有针对性的调整行为，也不清楚生产出的数据对不同数据使用者的价值。数据使用者在事前很难完全了解数据对自己的价值。比如，数据相对估值就是在事后进行的。

第二，非完全契约。数据要素配置机制都可以表示成一系列契约的组合。但数据应用有丰富场景，数据价值链有多个环节，数据价值缺乏客观计量标准，这些因素使数据要素配置机制很难在事前覆盖事后可能出现的所有情况。这既会影响数据主体分享数据以及数据生产者生产数据的激励，也会影响数据价值在数据价值链中不同贡献者之间的合理分配。

按照数据的经济学特征以及应用场景，数据要素配置机制试论如下。

（一）作为公共产品的数据

作为公共产品时，数据由私人部门提供，会有投资不足和供给不足的问题，一般由政府部门利用税收收入提供。政府部门应该在不涉密的前提下，尽可能向社会和市场开放政府数据，这样才能最大化政府数据的公共价值。

2009年，美国联邦政府推出数据开放门户网站Data.gov，为之前分散在联邦政府不同机构网站上的数据统一提供托管平台。2019年，美国《开放政府数据法案》要求，除涉及国家安全和其他特殊原因的数据以外，联邦政府应该在线发布它们拥有的数据，并且采取标准化、机器可读的形式公开这些数据。

2016年以来，我国颁布《政务信息资源共享管理暂行办法》《公共信息资源开放试点工作方案》等一系列文件，开启政务数据共享开放进程。《关于构建更加完善的要素市场化配置体制机制的意见》提出的第一个工作方向就是推进政府数据开放共享。

（二）作为准公共产品的数据

如果作为准公共产品的数据在所有权上较为清晰，并且具有排他性，有以下三种主要的配置机制。

第一，作为俱乐部产品的数据，可以采取付费订购模式，比如收费媒体信息终端。

第二，开放银行模式。银行通过应用程序界面（Application Programming Interface，API）将用户数据开放给经授权的第三方机构，以促进用户数据的开发使用。银行既限定哪些用户数据可开放，也限定向哪些机构开放。这实际上是部分实现用户数据的可携带性。

第三，数据信托模式。根据BIPP（2020）的介绍，数据信托可以采取不同形式，比如法律信托、契约、公司以及公共和社区信托等。数据信托的主要目标包括：一是使数据可被共享；二是促进公共利益以及数据分享者的私人利益；三是尊重那些对数据有法律权利的人的利益；四是确保数据以合乎伦理和数据信托规则的方式共享。

（三）互联网平台的PIK（Pay-in-kind）模式

前面已提到，在互联网经济中，如果个人数据不是由用户对外提供，而是来自互联网平台对用户特征和行为的观察和记录，那么所有权就很难界定清楚。现实中，互联网平台经常为用户提供免费资讯和社交服务，目标是扩大用户量，并获得用户的注意力和个人数据（比如用户喜好、消费特征和社会联系等）。在这个模式中，可以认为是用户用自己的注意力和个人数据换取资讯和社交服务，因此被称为PIK模式（见下图）。互联网平台一方面是通过广告收入变现用户流量，另一方面基于用户个人数据进行精准营销和开发信贷产品等。

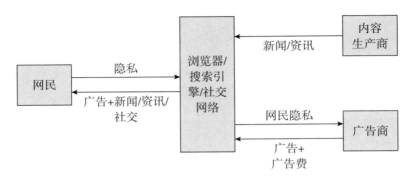

▶互联网平台的PIK模式

PIK模式主要有三个弊端：第一，互联网平台与用户之间地位不平等。平台容易在未经用户授权的情况下收集用户数据，或过度收集用户数据，或把从甲业务中收集到的个人数据用于乙业务，从而造成隐私侵犯和数据滥用问题。第二，互联网平台如果形成捕获性生态，会锁定用户，并在事实上控制用户数据。用户很难将自己的数据开放给或迁移到互联网平台的竞争对手。互联网平台通过数据垄断（Data-opoly）对竞争者构成不公平竞争。第三，难以保证用户提供个人数据后获得了合理报酬。比如，用户是否为不太有价值的资讯而揭示了重要个人信息？互联网平台与用户之间的地位不平等，以及PIK模式中不存在市场定价机制，使得用户权益很难被有效保护。

在PIK模式下，数据控制者（互联网平台）相对数据主体（用户）处于主导地位，并且数据控制者往往也是数据使用者，而数据主体对自己的数据缺乏控制，在数据产权上有很多模糊不清之处。如何纠正 PIK 模式的弊端，是个人数据管理中的一个核心问题。

（四）数据要素市场

很多数据因为有非排他性或非竞争性，参与市场交易时都面临限制。另外，非排他性或非竞争性造成的外部性，使数据的私人价值与公共价值具有差异，市场交易不一定能实现数据的最大社会价值。

在现实中，由于数据类型和特征的多样性，以及数据价值缺乏客观计量标准等原因，目前并不存在一个集中化、流动性好的数据要素市场。但数据的点对点交易（类似场外交易）一直在发生，比如另类数据市场。这个市场中存在大量的另类数据提供商。它们对数据的处理程度从浅到深大致可分为原始数据提供者、轻处理数据提供者和信号提供者。另类数据市场已发展出咨询中介、数据聚合商和技术支持中介等，作为连接数据买方（主要是投资基金）和数据提供方之间的桥梁。其中，咨询中介为买方提供关于另类数据购买、处理及相关法律事宜的咨询，以及数据供应商信息。数据聚合商提供集成服务，买方只需和它们协商即可，无须进入市场与分散的数据提供商打交道。技术支持中介为买方提供技术咨询，包括数据库和建模等。可见，另类数据市场发展已形成了丰富的分工合作关系，但这仍很不透明且非标准化。这是目前数据交易面临的普遍问题。更不容忽视的是非法数据交易，比如交易个人隐私数据的"数据黑市"和"数据黑产"。2019年以来，我国对"数据黑产"展开了集中整顿。

如何建立合规有效的数据要素市场？一个可行选项是使用密码学技术，包括可验证计算（Verifiable computing）、同态加密（Homomorphic encryption）和安全多方计算（Secure multi-party computation）等（PlatON，2018）。对复杂的计算任务，可验证计算会生成一个简短证明。只要验证这个简短证明，不需要重复执行计算任务，就能判断计算任务是否被准确执行。在同态加密和安全多方计算下，对外提供数据时，采取密文而非明文形式，从而使数据具备排他性。这些密码学技术支持数据确权，使在不影响数据所有权的前提下交易数据使用权成为可能，从而构建数据交易的产权基础，并影响数据主体和数据控制者的经济利益关系。区块链技术用于数据存证和使用授权，也在数据产权界定中发挥重大作用。除了技术以外，数据产权界定也可以通过制度设计来实施。

但即便如此，基于密码学的数据要素市场也不同于传统市场。首先，同一数据在加密后可以同时向多方提供，因此仍然是非竞争性的，除非数据使用者与数据控制者之间签署保密协议，要求后者不得再将数据提供给其他人使用，或者数据有很强时效性，一经使用后很快失去价值。换言之，数据很难成为私人产品，从而很难像私人产品那样参与市场交易。其次，同一数据对不同人的价值可能差别很大。这使得在基于密码学的数据使用权交易中，应用场景对数据价值的影响，可能超过了数据本身特征和内容的影响，从而很难从数据交易价格中提炼出有价值的定价信息。因此，基于密码学的数据要素市场不会采取"对同一商品，多个买方竞价，价高者得"的要素配置模式。

　　需要说明的是，数据要素市场不一定是简单的撮合买卖模式，可以存在其他复杂模式。比如，很多金融科技机构拥有大量用户数据，用户数据是它们的核心商业秘密。因为同一用户可以与多家金融科技机构有业务联系，金融科技机构共享用户数据，有助于对用户进行完整画像并管理风险。但金融科技机构之间有竞争关系，彼此之间很难共享用户数据。可以由多家金融科技机构成立合资公司，按数据贡献比例来分配合资公司的股权。金融科技机构将用户数据共享给合资公司后，合资公司整合成数据产品对外销售，比如用户信用分析和不良用户黑名单等。这样，金融科技机构不用担心竞争对手获得自己的用户数据，既通过合资公司获得了完整用户信息，也作为股东分享合资公司利润。这个模式通过股权的利益绑定功能以及数据整合的"1+1>2"效应，解决了数据共享中的激励相容问题。我国个人征信市场的百行征信公司是这个模式的代表。

（五）数据产权界定

从前面介绍的数据要素配置机制可以看出，数据产权界定是数据要素有效配置的基础。数据产权主要分为所有权和控制权。数据控制权包括谁能使用数据，如何使用数据，以及能否进一步对外分享数据等。在公司治理中，所有权和控制权是统一的——股东拥有公司，股东大会是公司的最高权力机关。但数据的所有权和控制权可以分离，特别是对所有权不清晰的个人数据。数据产权可以通过技术来界定，比如可验证计算、同态加密和安全多方计算等密码学技术。数据产权还可以通过制度设计来界定。

2018年5月，欧盟开始实施《通用数据保护条例》（GDPR）。GDPR给予数据主体广泛权力：第一，被遗忘权，指数据主体有权要求数据控制者删除其个人数据，以避免个人数据被传播。第二，可携带权，指数据主体有权向数据控制者索取本人数据并自主决定用途。第三，数据主体在自愿、基于特定目的且在与数据控制者地位平衡等情况下，授权数据控制者处理个人数据。但授权在法律上不具备永久效力，数据主体可随时撤回。第四，特殊类别的个人数据的处理条件，比如医疗数据。GDPR还提高了对数据控制者的要求：第一，企业作为数据控制者必须在事前数据采集和事后数据泄露（如果发生的话）两个环节履行明确的告知义务。第二，数据采集与数据使用目标的一一对应原则，以及数据采集（范围、数量、时间、接触主体等）最小化原则。第三，个人数据跨境传输条件。总的来说，GDPR 引入了数据产权的精细维度，包括被遗忘权、可携带权、有条件授权和最小化采集原则等，建立了数据管理的制度范式。这些做法被欧盟以外的很多国家和地区所采纳。2019 年 5 月，我国网信办发布《数据安全管理办法（征求意见稿）》。2019 年 12 月，国家网信办、工信部、公安部和国家市场监管总局四部门联合印发《App 违法违规收集使用个人信息行为认定方法》。

个人数据管理的核心问题隐私保护。隐私涉及个人与他人、私有与公开的边界，是个人尊严、自主和自由的重要方面（Acquisti et al., 2016）。隐私不排斥共享个人信息，而是要有效控制共享过程，在保护和共享个人数据之间做好平衡。对个人数据，控制权和隐私保护的重要性超过所有权。这一点在 GDPR 中有体现。

四、小结

数据作为信息科学中一个基本但复杂的概念，对其的理解离不开对信息和知识等相关概念的辨析，而 DIKW 模型为此提供了一个合适的分析框架。根据 DIKW 模型，智慧、知识、信息和数据之间依次存在从窄口径到宽口径的从属关系。数据是观察的产物。数据经过认知过程处理后得到信息，给出关于谁（Who）、什么（What）、何处（Where）和何时（When）等问题的答案。知识是对数据和信息的应用，给出关于如何做（How）的答案。智慧则有鲜明的价值判断意味，在很多场合与对未来的预测和价值取向有关。

数据具有多维的技术特征，而数据的经济学特征更复杂。数据可以产生价值，因此具有资产属性。数据兼有商品和服务的特征。很多数据属于公共产品，可以由任何人为任何目的而自由使用、改造和分享。因为大部分数据是非竞争性的，属于私人产品和公共资源的数据较少。数据的所有权不管在法律上还是在实践中都是一个复杂问题，特别对个人数据。因此，与其把数据比喻成石油，不如把数据比喻成阳光更为合适。

数据经过处理并与其他数据整合后，再经分析形成可执行的决策，最终由行动产生价值。数据价值在微观层面体现为对使用者效用的提高，在宏观层面体现为从数据中提炼出的信息、知识和智慧对全要素生产率的提高。然而，数据价值缺乏客观计量标准，主要有三方面原因：一是同样数据对不同人的价值可以大相径庭；二是数据价值随时间变化；三是数据会产生外部性。

数据价值的计量包括绝对估值和相对估值。数据绝对估值比较难，没有公认方法。目前行业主要使用成本法、收入法、市场法和问卷测试法，但都有缺陷。数据相对估值是给定一组数据以及一个共同的任务，评估每组数据对完成该任务的贡献。与绝对估值相比，相对估值要简单一些。针对定量的数据分析任务，可以使用 Shapley

值进行相对估值。

数据有多种类型和不同特征，产生了不同的配置机制。这些配置机制都致力于数据要素配置中的信息不对称和非完全契约问题。主要有四种配置机制。

第一，作为公共产品的数据，一般由政府部门利用税收收入提供。政府部门应该在不涉密的前提下，尽可能向社会和市场开放政府数据，这样才能最大化政府数据的公共价值。

第二，作为准公共产品的数据如果在所有权上较为清晰，并且具有排他性，可以采取俱乐部产品式的付费模式、开放银行模式以及数据信托模式。

第三，在互联网经济中，很多个人数据的所有权很难界定清楚，现实中常见PIK（Pay-in-kind）模式，本质上是用户用自己的注意力和个人数据换取资讯和社交服务，但PIK模式存在很多弊端。

第四，很多数据因为有非排他性或非竞争性，不适合参与市场交易。换言之，市场化配置不等于市场交易模式。现实中并不存在一个集中化、流动性好的数据要素市场。数据的点对点交易（类似场外交易）尽管一直在发生，但很不透明且非标准化，并且非法数据交易是一个不容忽视的问题。

数据产权界定是数据要素有效配置的基础。可验证计算、同态加密和安全多方计算等密码学技术支持数据确权，使得在不影响数据所有权的前提下交易数据使用权成为可能，从而构建数据交易的产权基础。区块链技术用于数据存证和使用授权，也在数据产权界定中发挥重大作用。但即便如此，基于密码学的数据要素市场也不同于传统市场，不会采取"对同一商品，多个买方竞价，价高者得"的要素配置模式。

除了技术以外，数据产权还可以通过制度设计来界定。GDPR引入了数据产权的精细维度，包括被遗忘权、可携带权、有条件授权和最小化采集原则等，建立了数据管理的制度范式。这些做法被欧盟以外的很多国家和地区所采纳。个人数据管理的核心问题是隐私保护。对个人数据，控制权和隐私保护的重要性超过所有权。

数据利益分享机制的完善路径

杨　东　　金亦如

一、问题的提出

当今社会，大数据、云计算、人工智能、区块链等信息技术突飞猛进地发展。科技的创新不仅仅是生产力上的突破，更是在生产关系上的突破。目前，我们已经能够深刻地感受到技术驱动的创新对社会生活所带来的影响。可以说，人类社会迎来了继农业文明、工业文明之后的数字文明时代。数字文明作为全新的数字经济形态，正在驱动全球经济增长。根据历史经验可以发现，人类社会的重大经济变革都伴随着新生产要素的诞生，同时形成先进的生产力。和农业时代以土地和劳动力、工业时代以资本为新生产要素一样，数字

杨东系中国人民大学区块链研究院执行院长、金融科技与互联网安全研究中心主任、监管科技与金融科技实验室执行主任，中国原创数据理论共票概念提出者；金亦如系中国人民大学区块链研究院助理研究员。

文明作为一种新兴的经济社会发展形态，也产生了新生产要素——数据。正如工业时代的石油一般，数据将可能成为未来国家之间竞争的核心之一。

中央明确指出要加快培育数据要素市场，推进政府数据开放共享，提升社会数据资源价值，加强数据资源整合和安全保护。人民银行也提出了发行法定数字货币的计划，即由央行直接发行数字化的支付工具以代替现金，而法定数字货币的实质是一种特殊的信息数据合集。在数字经济时代下，数据在生产过程中的作用日益重要，在制度上也对此给予了高度的重视。

从国际上看，近年来世界各国开始高度关注平台、数据、算法等竞争议题。经济合作与发展组织（OECD）竞争委员会连续发布《数据驱动型创新：大数据带来经济增长和福祉》《大数据：在数字时代引入竞争政策》《算法与合谋》三个报告。欧盟竞争委员会发布《数字时代的竞争政策》研究报告，致力于解决平台、算法、数据所带来的新型三维竞争市场结构。金砖国家发布报告旨在探讨数字经济正在应对的广泛挑战并提出新的理论框架与政策建议。此外，日本、加拿大、英国、法国等相关政府机构和组织也发布了各类官方报告和政策，积极探索数据、平台、算法融合的新型规制体系。

由此可见，在当今历史与政策背景下，数据作为生产要素是数字经济时代的根本命题。要实现数据的大生产则需要数据的集中，其复杂性远超工业革命时代的石油、煤矿，甚至资本。当前亟待解决的问题是，在生产方式已经发生巨大变化的今天，应该如何以更高效率、更低成本、更佳的组织方式，来进行更好的利益分配以解决数据的集中。同时，数据利益分享机制的完善迫在眉睫。本节以问题为导向，首先分析数据作为生产要素的特点、价值实现方式等，再从当前数据利益分享中的困境出发，探索如何完善数据利益分享机制。

二、数据利益分享机制概述

（一）数据作为生产要素

生产要素是指生产过程中的投入品。数字经济时代下，生产要素已经不局限于传统的劳动、资本和土地，数据已经成为数字经济的关键性生产要素。而数据之所以能够作为独立的生产要素，是基于以下两点：

首先，在平台等新经济主体发展的背景下，数据价值越发凸显。在数字经济的新时代中，各类平台正在逐渐融合企业和市场的功能，成为占主导地位的经济组织形态，对资源调配和经济组织起到了更为重要的作用，出现了众筹、众包、众扶、共享等诸多基于互联网平台的新经济模式。在区块链、人工智能、大数据、物联网、云计算等新的技术条件引领下，融合企业和市场功能的数字经济平台终将站在舞台中央。

在最初的发展阶段，数据开始从辅助地位走向价值创造。数据仅仅是用于简单的分析，以帮助决策者作出更好的生产决策。因此，当时数据并没有参与价值创造的过程，故不被视为生产要素。而当下，数据资源已经能够直接参与创造价值的过程。由于数据分析技术的进步，数据解读更加精准；大数据的巨量、快速、多元等特色也为大数据带来了价值创造能力。数据能够赋予相关产业极高的附加价值。

其次，数据难以用传统生产要素来代表。相比传统的生产而言，数据的特征与价值实现方式具有很大的不同。数据具备虚拟性，可复制、可共享，以网络效应为价值创造形式，没有任何一个生产要素可以代表数据。

最后，数据对当前的数字经济形态具有重要意义。数据被誉为新时代的"石油"，蕴藏着巨大潜力和能量等待挖掘，并不断推动人类社会进入全新的数字经济时代。相比其他生产要素，数据资源打破了自然资源的有限性，而可复制、可共享，又为经济的持续增长提供了可能。因此，数据已经成为数字经济发展的关键生产要素。总而言之，在当今时代，数据之于经济的重要性，已不亚于任何一种传统生产要素。

数据作为一种新的生产要素，其发展具有一定的时代性。而数据财政的实现有两条路径，第一是通过传统的数据归集，对相应政府的数据质量、数量进行标准评价，进而实现财政转移支付；第二是通过打开政策缺口，容许地方政府实验性地对部分数据进行有偿开放，将其作为地方税收的重要补充，浙江省和湖南娄底已经展开了相应的实践。[①] 截至 2020 年 5 月 28 日，浙江省全省共开放 7248 个数据集（含 3670 个 API 接口）32808 个数据项，共 71839.37 万条数据，通过开放数据，鼓励企业发展，通过企业的纳税实现税收增长。

（二）数据要素价值产生、分享的原理与规律

在一个大的数据集合中，存在各种格式的数据类型，对其进行分类、加工，过滤掉不相关的数据，挖掘出相关数据之间的逻辑关系，进而提炼出有意义的语义信息，是对数据的初次利用；被过滤掉的数据则封存暂时进入休眠，当其与其他数据相遇或组合，在新的条件下会有所发现或突破，是对数据的再利用。对数据利用和再利用、提取有用信息的过程就是实现数据价值的过程。例如借助大

---

① 娄底市的区块链应用打破了部门层级的障碍，构建了一个联盟链的体系，并以联盟链模式来取代原有的中心化机构，这不仅促进了各个领域中心机构的数据共享与赋能，更实现了数据在多领域、多部门之间的无障碍数据流通。自 2018 年 11 月 13 日上线以来，娄底市全市 15 万户、35 万套不动产完成上链登记，新增不动产登记全部实时上链，已经为法院、公积金中心、银行提供不动产信息共享服务，群众可以直接在银行办理不动产抵押登记业务，办结时间从 5 个工作日缩短到 6 个小时以内，正在为纪委，工商，民政，水、电、气、中介机构等部门实现数据共享；全面推行区块链电子凭证，实现银行、政府机构间以电子凭证流转，不再以纸质形式归档和移交。

数据和云计算，互联网金融公司可以以比传统金融机构更低的成本更高效、更可靠地处理信息，也可以更深入地分析更多的客户。根据从这些数据中提取出的有用信息，金融平台更有可能销售客户所期望的产品，从而使他们免受过度风险的影响，如此数据便产生了其价值。再进一步说，若欲完全实现数据的价值，则不止于此，还需要完成数据利益的分享，充分活跃数据作为生产价值的功能。具体而言，还需做到数据的确权、定价、共享与开放，使数据之间充分组合，达到1+1＞2的效果，由此打破数据垄断，还数权于民，带给公众更多数据价值的利益回报。

以北京市不动产登记为例，目前北京市大力推广"三联办""两联办"模式，通过税务部门、住建部门等在不动产登记中心派驻人员开设综合窗口，将普通民众的不动产登记负担转移到后台工作人员身上，工作人员短时间内需要完成的复审事项多，且人工比对易出错，大幅增加了工作人员工作量。并且部分北京市不动产数据通过"日报"甚至"月报"的形式上传共享数据供其他部门使用。而不动产登记中部门单位资产价值相对较大，对需要校验的数据的实时性、准确性要求很高，非实时性共享数据的参考价值大打折扣，限制了数据价值利用的方式。若税务部门、住建部门等部门已经对房屋信息利用区块链进行数据采集，并推动数据共享开放，则可以有效解决不动产登记中心的重复采集负担，并且在保证实时数据价值的同时，促进房地产数据与其他数据融合，充分挖掘数据的价值。

由此可见，根据数据价值产生与分享的机理，利益分享机制构建应当注意以下两点：一是数据的确权。只有数据的权属被确认了，其主体才能从数据中获得利益，并向法律寻求权利保护；反之即使数据实现了其价值，利益归属无法确认，也无法做到真的分享。二是数据的开放与共享。数据价值的实现在于其巨量带来的数据与数据之间的相遇或组合。在数据的利用与再利用中，才能提取出更多有用的信息，使数据产生更高的价值。

三、当前数据利益分享机制困境

目前我国对于数据价值的内涵、产生机理以及规律认识仍有不清，导致现有制度难以适应数字经济时代的生产方式，制约了我国数据利益分享的实现。具体而言，目前我国数据利益分享机制存在以下困境：

（一）数据权利内涵不清

在数据利益分享机制中，最为根本的问题在于，作为基础的数据权利内涵并不明晰。在数据利益分享的第一个流程——确权上即存在不足之处。数据经济时代的数据类似于工业革命时期的资本，数据收集类似于资本的集中。数据很可能对现有的社会经济体制产生颠覆性变革，权利边界或所有权获取不再是最重要的；而对数据的采集储存、交易流动、共享和价值实现、利益分配等一系列行为会产生新法律客体、法律主体的法律关系，现行法律也将面临调整。而目前，数据权利在性质、权利内容、权属等诸多方面存在着制度缺失，最终使数据利益分享受阻，个人信息权利难以受到完善的保护，企业发展数据的动力也被削弱。

一方面，数据权利的性质与内容并不明确。2020 年 5 月 28 日通过的《民法典》对数据权利作了相关的规定。在总则中，第一百一十一条对自然人的个人信息权进行了规定，且内容相对清晰实质；第一百二十七条则是有关数据与网络虚拟财产，但其具体内容交给了其他法律另行规定。同时，在人格权编中也专章规定了隐私权和个人信息保护，构建了完整的个人信息权内容，赋予了数据处理者对于依法取得和加工的数据的权益，并明确了对于数据的处分规则，为数据要素市场化奠定了最为坚实的法律基础。由此可见，法律对数据作为生产要素作出了积极的回应，充分保护了个人信息权，为数据权利确定了原则性的大方向。但为了进一步完善数据利益的分享机制，还应当在《民法典》的基础上对权利进行细化，确定个人数据可携带权与企业数据财产权等相关权利。由于数据权利内容的不确定，作为能够实现数据价值的企业，往往其数据利益难以得到全面的法律保护，容易引发数据纠纷。不仅对数据企业带来损害，也使我国数据市场和社会秩序产生巨大动荡。

另一方面，数据权属的确定亦有一定的难度。确权是权属确认的指引，是确认权利主体、权利内容，以及划定相对义务人的基础。只有在权利归属上进行了明确，才能够建立起明确的权责体系，保护各方的合法权益，推动大数据交易秩序的完善。目前来看，从技术上来说，对数据的发掘追踪、权属确认存在一定的难度，应当发展区块链技术对其进行完善；从制度上来说，数据权的归属在法律上并未明确规定。这不仅造成了一定程度上交易秩序的混乱，也不利于企业与作为数据产生方的个人之间的数据收益分享。

（二）数据价值难以被识别

在定价环节中，数据价值往往难以被精准定价。在利用数据这一生产要素的同时，往往需要数据的集中。在集中时，冗杂的、非结构化的数据容易导致信息的堆积，不仅导致资源的占用与信息的错误，甚至会使关键数据和结构化数据难以被识别。传统的数据交易往往追求"量"，标的均为海量的数据甚至是整个数据库或其查询的端口。虽然大数据的特点之一即为"巨量"，但主要问题在于关键数据难以精确定价。换言之，根据当下的技术与制度，部分重要的数据难以被定位与发掘，从而造成了数据价值实现的不充分。若数据的价值难以被识别发现，遑论充分发挥数据所带来的生产力，实现数据利益的分享。因此，需要一种理论与技术，使某段数据能够单独被标识，从而对数据进行准确定价，实现数据价值发现的功能。

（三）数据孤岛现象严重

数据孤岛现象严重也是阻碍数据利益分享机制的关键问题，削弱了数据的开放与共享环节。数据的价值不仅在于带来流动，消除信息不对称，重点还在于"1+1＞2"的数据共享，实现生产要素的升值。目前，我国大数据的巨大价值还没有被充分利用，具有价值的数据大部分集中在政府、垄断国企以及互联网巨头之中；而企业之间、企业与政府之间往往不愿意共享数据，相互之间数据封闭，形成数据孤岛。分散的数据又无法发掘出大数据的巨大价值，不利于数据经济蓬勃发展。

究其原因，可以分为政府和企业两个层面。在政府层面，首先是因为我国政府部门长期以来都习惯于各自为政，把对自身所掌握的数据进行开放当成一项权利，主观上并不会采取积极的态度来共享部门数据。其次，我国在数据共享开放领域存在法规制度缺失问题。因此，政府机关人员担心将有关政务的数据对外共享开放，会引发一系列的网络信息安全问题，造成重要数据泄密，对国家和社会利益造成无法挽回的损失，故对于数据共享开放具有强烈的抵触。最后，目前我国也未制定对数据共享开放的方式格式以及质量标准等做出规制的相关法律，致使政府部门以及其他机构的大量数据无法开放共享，即便开放了数据，其共享开放能力不强、数据质量不佳，严重制约大数据作为数字经济时代重要的国家基础性战略资源的发展应用和价值实现。

在企业层面，一方面是因为企业基于自身利益的考虑，不愿意将自己收集的数据进行开放共享，反而试图对数据进行垄断。近十年来，由数据争夺引起的平台纠纷屡见不鲜，从早期的"3Q大战"、菜鸟顺丰数据纠纷到如今的平台二选一、"头腾大战"、微信与飞书纠纷。这些数据的背后都是涉及数据的开放与拒绝使用问题。而另一方面，社会信用机制仍不健全，企业与政府之间缺乏信任基础，政府与企业之间数据共享不顺畅。目前主流的数据，例如有限公司股权的占比、公司研发机构的科研数据都是价值密度比较高的数据。围绕着共享这一核心，政府、企业与个人之间想达到亲密无间的合作关系，需要一定的信用基础。在实践中，监管部门对于数据监管存在盲区，数据在共享开放方面存在较多障碍、在数据隐私泄露后无法及时惩处，政府与企业在信息的开放共享中存在较大责任风险等问题非常普遍。政府与企业之间缺乏最基本的信任，互相之间无法触达数据，无法对双方有一个更加客观全面的了解，因而就无法判断出企业是否可信，也难以监控企业是否合理使用数据，是否存在侵犯数据安全和隐私权的行为，基于上述考虑，监管部门一般采取严监管和强监管，导致大量企业更不愿意开放共享自身数据。

由此可见，为了缓解数据孤岛现象，促进政府与企业的数据开放与共享，应当采取以下措施：一是完善数据开放共享的制度标准。一方面，可以根据数据的性质与功能对数据进行分类。例如，涉及公共利益与公共管理的数据，企业应当与政府数据共享；涉及公众知情权的数据，政府应当及时开放；而明确何为涉及信息安全的数据，对此类数据并不开放。另一方面，应当明确数据开放的标准，促进政府共享信息。二是确立一种激励机制，使企业共享数据所获得的利益大于保留数据库所获得的利益，如此则可刺激企业对数据进行共享，从而实现利益分享。三是建立社会信用机制，完善监管模式，使企业与政府之间形成可交互的信用基础。

四、数据利益分享机制的完善设计

数据具有的特殊性，包括数据信息化、结构化、代码化以及数据存储、收集、分析和规范化数据开发利用的场景，数据采集标准化等方面，数据还有高初始固定成本、零边际成本、累积溢出效应三大特点。决定了数据与传统工业经济时代的土地、石油煤矿、劳动力、技术、资本等生产要素的区别明显，如同工业经济过程中需要集合上述要素去实现工业化大生产，但数据生产要素的大规模集合共享和价值实现极为复杂，除了数据性质，个人、企事业单位、行业协会公益组织甚至国家也会成为数据的权利主体或者利益共享主体。更要考虑如何以更高效率、更低成本、更佳组织方式和利益分配机制来实现数据利益分享。

（一）明确数据权利的性质与内容

完善数据利益分享机制，首先应当完善基础的数据权利问题。只有从制度上明确了数据权，才能充分发挥数字时代下数据的经济推动作用，实现数据利益的分享。具体而言，应当完善数据确权以及构建公正的数据权利义务规则。

1.完善数据确权

应当明确数据的权属，即确定数据的权利主体，以促进其主体充分利用数据创造价值。例如，可以在相关法律规范中明确个人数据可携带权[①]，赋予数据来源的主体以数据的权利，明确个人与企业之间的权责。个人数据可携带权的引入能够加快企业间的数据流动，促进数据利益共享。当个人拥有数据可携带权后，个人则可以获得个性化定制服务，同时该权利还可以促进数据的共享以及企业间的

---

① 个人数据可携带权是《欧盟通用数据保护条例》对数据主体的一项创新权利规定，简而言之，是指数据主体针对已经向数据控制者提供的个人数据，有权向数据控制者处获取结构化、通用化和可机读的上述数据；同时，数据主体有权将这些数据转移给其他数据控制者。

竞争。《欧盟通用数据保护条例》就是很好的参考范例。

然而，值得注意的是，数据可携带权的实现需要建立通用的数据传输格式，因此需要耗费较高的成本。如果将其不加区分地实施于整个行业，那么小规模企业的合规成本较高，将导致其竞争劣势。所以，应提前调查相关行业的市场集中度，并根据调查结果落实数据可携带原则，促进企业向个人分享数据收益。此制度在技术层面也具备可行度。可以通过区块链等技术和概念范式，以科技共识和科技信任来承载数据权利确认的需求。

目前，区块链的线下权益、线上确权、交易等都有实际案例。未来我们可以探索在区块链上标记数据的相关权属和利益，以便于数据利益共享和交易。

2.构建公正的数据权利义务规则

应当建立起公正的权利义务法律体系。由于数据价值难以评估，数据交易中权责不明，逐一谈判会大幅提高交易费用，因此数据相关交易往往并不活跃，客观造成数据封锁。故有必要建立起明确公正的权利义务体系。在数据的产生、收集与利用之中，一般涉及个人和企业两方面的主体。因此，需要把握好在数据问题上个人与企业之间的平衡。不仅要全面维护公民个人信息相关权利，也要合理设置企业的数据经营权等相关权利，明确数据转让时的权责体系，以保证企业发展数字经济、开发数据利益的积极性。

首先，应当充分维护公民的个人信息相关权利。在数据存储、处理、传输等过程中，数据内含的个人信息与隐私数据长期存在多种安全风险。随着数据分析能力的加强，掌握数据的企业越来越倾向于利用数据以谋取私利。这导致数据安全问题与隐私保护的需求日益突出。有必要完善个人信息保护体系，在保证企业经济利益的同时，可以要求企业承担更大的个人信息保护和数据安全义务。

其次，应当保障企业合理的数据权利。一是企业数据保护财产权化，使企业在法律上具备相应的排他性权利，给予数据企业充分的法律保护。二是可以通过必要的干预，事先确立公允价值允许按照责任规则获得数据和分享数据价值，这有助于数据自由流转，建构公正的数据利益分享机制。

最后，国家在监管层面，可以充分利用数字科技，以区块链技术实时监控数据利用情况。保证企业在数据使用过程中实时记录、不可篡改，从而加强在数据利用中企业的保护责任并强化问责机制。

3.鼓励数据产业链和数据商业模式先行

数据权利的界定在技术与法律等方面存在争议，如果一味地将确权作为数据共享的前提无异于故步自封。因而，在数据产业发展中可暂时淡化数据边界或所有权，着眼于谁能够将数据进行共享、整合、加工，形成一个自有的数据集合。促进我国数据产业链和数据商业模式的形成，进而为数据权利的界定提供现实的技术支持与模式。

（二）以区块链作为数据利益分享机制的底层技术

在数字经济的生产关系变革中，区块链起到了至关重要的作用。区块链是一种基于共识机制之上的技术，具有去中心化、透明化、不可篡改性等特点。以区块链作为数据利益分享机制的底层技术，可以使数据利益分享存在技术上的可行性，并使分享更加高效公平。

第一，区块链能在技术上实现数据的共享。区块链技术从根本上改变了传统的中介化信用模式，通过一套基于共识的数据算法，在各参与系统的节点之间建立起"信任"基础。在这一算法下，节点之间就可以进行数据交换，而无须重新建立信任，提高了数据的处理效率；并且可以同步记录数据，同时该记录无法篡改。因此，在区块链技术下，可以实现数据的分布式共享。就具体实践而言，可以结合区块链技术，联合数字经济平台建立双向信息沟通机制，可以促进政府向社会技术发布信息，提高信息的权威性和及时性，充分发掘信息的价值，尤其在重大突发事件中能产生很好的应用效果。

第二，区块链技术能够实现数据的确权、定价、交互。区块链技术能够记录数据的权利来源，并对此进行定价，在节点之间基于共识发生数据交互，将创造的价值在不同主体之间分配。区块链技术调整人与人之间的利益分配关系，能够改变过去由股东垄断利润的局面，让更多的消费者、普通的劳动者等数据提供主体能够获得合理的利益分配，充分体现了利益分配机制的公平性和平等性。简单来说，区块链技术能够让数据像土地一样获得回报。区块链理论对数据利益分配机制的完善有着至关重要的作用，故应当将区块链技术作为底层技术。

第三，最为重要的就是"以链治链"，也就是建立起"法链"，借助区块链技术来对区块链应用行业进行监管。例如政府部门可以运用区块链等技术手段创新监管方式，提高监管效率，降低监管成本，提升管理和服务能力。换言之，应在现行数据管理的法律监管维度外增以科技维度，形成法律与科技的双维监管体系，从而更好地应对数字经济时代下对数据这一新的规制对象所内含的风险及其引发的监管挑战。

（三）构建数据利益分享的中国范式——"共票"

理论认识与实践把握有很大差别，这主要表现在：（1）理论上的激励成本与制度绩效的均衡点是明确的，实践中则变得相当模糊。（2）理论分析的抽象性与现实生活的复杂性使制度转型的实际状况总是偏离理论轨迹。因此，具备现实嵌入性的理论在数据利益分享中尤为重要。

1. "共票"理论概述

如前所述，区块链应当作为数据利益分享的底层技术，但是目前区块链理论仍需要进一步完善。我国区块链技术位于世界前列，我们应当有理论自信与制度自信，既要借鉴国外区块链理论的精华部分，也要摒弃与中国国情不相符合的部分，从而构建中国的理论范式。

在区块链的运用与实践之中，经常会用到"Token"一词。"共票"（Coken）是实现利益分配的机制，是以区块链为基础的机制创新，其英文可以结合表示"共同、联合"之意的"Co-"和"Token"译为"Coken"，既代表了对惯用词"Token"的继承，也代表区块链正确的发展方向。

梳理其常用语境，对于"Token"的本质可以理解为：数字经济时代基于区块链的新的组织方式之下的新的一种权益凭证及其分配机制。然而，区块链经济是技术依托下众筹的新形态，维持这一形态才是区块链的关键价值。而"Token"并不能体现这一价值导向，反而催生了为了追求炒作、已经产生极大泡沫的数据货币市场。更有甚者，将"Token"翻译为"币改"，依照这一概念进行的实践极有可能涉非法集资、非法经营等犯罪。正是因为对"Token"一词的错误认识与错误翻译，在我国造成了在区块链应用方面的误解。

因此，为了借助众筹制度引导区块链行业健康发展，笔者提出"共票"①理论。该词意为区块链上的共享新权益，其英文翻译为"Co-

---

① 共票包含以下功能：（1）红利分享的功能，以吸引系统外部参与并贡献内部系统；（2）流通消费的功能，以便利系统上资源配置优化；（3）权益证明的功能，是凝聚系统共识的机制与手段。

ken"。这是对"Token"一词的继承与发展，同时也代表着区块链正确的发展方向，在理念上可以引导区块链应用转向正轨，消除对区块链的误解，让数据利益真正惠及大众。

2.以"共票"理论完善数据利益分享机制

"共票"具有共享、共治、共识的特点，同时也是基于数据价值确权的利益分配的机制。共票意味着能够改变过去由股东垄断利润的局面，让更多的消费者、普通的劳动者等相关提供数据的主体能够获得相应的利益分配。此种变革亦充分体现了利益分配机制的公平性和平等性，同时更能体现社会主义的共享性与优越性。"共票"理论是基于中国实践而创造的，是符合中国国情的。我国应当建立起中国特色的数据利益分享机制，推动数据应用回归本源，并通过"共票"释放数据经济与制度创新潜能，使数据真正成为数据经济时代最重要的生产要素，分享数据利益。具体而言，共票理论能够在以下几方面完善数据利益分享机制：

（1）以"共票"理论对数据赋能

共票赋能数据，推动大众分享数据经济红利。一方面，可以利用"共票"机制来对数据确权。长期以来，由于技术与制度上的双重原因，在数据权属配置、交易制度设计等方面一直存在争议，导致数据的流动分享机制构建迟滞。而"共票"可以从技术上解决这一问题，对数据赋权、确权，作为大众参与数据流转活动的对价，并可以充分平衡个人与企业双方的数据相关权利，为以数据为核心的数字经济激发新动能。

另一方面，数据价值难以精准及时发现问题，经"共票"理论也能迎刃而解。"共票"能够与数据嵌合，并标识某一段数据。在不断使用、交换的循环中，"共票"与数据实现单一匹配，从而成为一种定价工具。因而，在公开交易市场中，共票就能实现价值发现的功能，进而亦可对高价值的特殊数据进行锁定。

（2）以"共票"机制加强数据使用的透明度

区块链中的"共票"机制，能够随时发掘、采集、追踪数据。"共票"的智能合约机制与区块链不可篡改的记录性质，能够一对一地匹配数据串，实现数据的追踪。换言之，"共票"机制能够强化数据使用的公开性与透明度。当数据使用的过程置于阳光之下，则更有利于监管机关对数据企业进行监管，促进了数据企业数据利用的规范化，保障了个人在数据权属方面的利益；同时数据的开放与共享，使数据这一新型生产要素充分活跃起来，更有利于数据利益的共享。

（3）以"共票"理论激励数据共享

"共票"理论能够解决如何推动数据拥有者主动、积极共享数据的问题。数据企业往往出于自身利益考虑，不愿意进行数据共享。一方面可能是出于商业利益而不愿意与其他企业共享数据，另一方面也可能是由于与监管机关之间缺乏信任基础。在规制命题中，规制对象往往会为了获得最大利益而规避监管，而不论其是否真的存在违规操作。因为提供更真实、更全面的数据，被规制对象可能会受到更严格的规制，这样反而增加数据利用的成本。所以，若想从根本上解决数据孤岛问题，就要使数据拥有者共享数据时所获得的利益大于垄断数据时所获得的利益。利用"共票"理论，则可以构建数据共享的激励机制，以充分实现数据价值的挖掘与分享。

"共票"可以通过赋予数据分享与再分享，让数据不再是无价值之物或者一次性交易品，同时通过"共票"可在不断分享中增值以回报初始贡献者。只有数据进行共享了，数据的利益才能在社会中被充分挖掘并分享。以南京市基于区块链技术的跨区域电子证照共享平台的成功事例[①]来说明，其以"共票"理论为基础，实行"积分制"的实践。即共享数据就可以获得积分，而用积分消费的形式获得数据的使用权。在这样的机制下，各部门数据的共享也是基于自

---

① 南京市作为国务院办公厅确定的"互联网＋政务服务"平台建设的试点城市，经过一年的探索、研究，在相关部门、市信息中心和技术合作单位的支持下，创新性地将区块链技术运用在"互联网＋政务服务"服务平台建设中，南京利用区块链技术在电子证照共享方面的特性和优点，打造电子证照共享平台新模型，进而解决数据安全与数据共享的矛盾，各部门链上提交数据，系统加密全部数据，链上保存全部加密数据并同步到全网，进而解决了数据的灵活使用问题，根据数据应用需求和权限授权的范围，各部门可以灵活使用证照提交、证照核对、详情查询、评估结果等多种数据交互方式。南京模式的核心类似于"共票"的积分制，每一个应用部门既是数据的使用者也是贡献者。通过数据的共享获得积分，用积分消费的形式获得数据的使用权。

身需求，保留数据所获得的利益要小于共享数据所获得的利益，从根源上调动了数据拥有方上传存量数据的积极性。

总而言之，我国应当首先明确数据相关权利的内容，并建立起以区块链为底层技术、以"共票"为核心的数据利益分享制度，以规范完善数据的确权、定价、共享、开放过程，最大限度地激发数据创造价值的能力。除此之外，数据利益分享机制仍需要一定法律制度与之相匹配。例如可以在《反垄断法》中引入必要设施原则，在一定情况下将数据界定为必要设施，要求数据拥有者需要以公平、合理且不歧视的交易条件，开放数据供竞争者使用，而避免数据垄断，促进数据的流通与共享。①

五、结论与展望

数据发展必须依靠政府与市场的有益互动。政府至关重要，但是如果单纯依靠政府的支持，没有市场来配置数据，那么数字经济必然缺乏活力，最终政府的支持也会衰竭；市场的确很高效，但是

---

① 但不加区分地将数据界定为必要设施是一种误导和错误，按照传统反垄断法理论，判断数据是否构成必要设施需要满足如下条件：垄断者必须控制并拒绝获取原告寻求的数据；没有数据竞争一定会失败；原告必须缺乏复制数据的手段；垄断者必须有分享数据的手段；原告必须证明被告在反垄断市场上的垄断力。但在数字经济下如果固守传统判例法的适用标准则势必会加重举证责任，不利于保护弱者。

离开了政府力量的规范和约束，市场秩序和市场结构难以自我维持，数据生产平台中各类组织形式之间的竞争关系，被数字平台的规模效应、网络效应以及数据和算法进一步放大，具有天然的垄断倾向，频频出现的大数据"杀熟"、个人信息泄露便是明证。

数据作为生产要素的背后，经济逻辑和政治逻辑已经成为数据开放的主线。在微观层面与信息产业的龙头互联网企业的商业实践形成一种意味深长的呼应，与之相对应的是，早在2013年5月，奥巴马签署的备忘录《开放政策——管理作为资产的信息》中全面阐释了政治—经济两重逻辑变革下的数据开放政策理念。对于当下的中国而言，加强市场作为基本要素分配中的作用，就意味着要挤出数据要素的行政性配置和行政性垄断。

我们可以设想，如果一个国家，可以不向国民征税而提供丰富的公共产品，国民可以超越地域的阻隔而紧紧连接在一起，那么这个国家会何等繁荣，国民将会何等幸福？如果我们深刻了解了数据作为一种生产要素背后的政治经济学含义，那么上至国家，下至国民，将拥抱数字经济时代，共享数据带来的利益。